AI生成時代

從ChatGPT到繪圖、音樂、影片，
利用智能創作自我加值、簡化工作，
成為未來關鍵人才

杜雨、張孜銘◎著

高寶書版集團

代　序

生成式AI和智能數位化新時代──
媲美新石器時代的文明典範轉移

數位時代：「程式碼即法律」(Code is law.)
　　　　──勞倫斯・萊斯格 (Lawrence Lessig)
智能時代：向量和模型構成一切 (Vector and models rule it all.)
　　　　──朱嘉明

　　2022 年，在叢集式和融合式的科技革命中，人工智慧生成內容（AI Generated Content，簡稱 AIGC，本書統稱生成式 AI）後來居上，以超出人們預期的速度成為科技革命歷史上的重大事件，迅速催生了全新的科技革命系統、格局和生態，進而深刻改變了思想、經濟、政治和社會的演進模式。

　　第一，生成式 AI 的意義是實現人工智慧「內容」生成。人們主觀的感覺、認知、思想、創造和表達，以及人文科學、

藝術和自然科學都要以具有實質性的內容作為基礎和前提。
所以，沒有內容就沒有人類文明。進入網路時代後，產生了
所謂專業生成內容 (PGC)，也出現了以此作為職業獲得報酬
的職業生成內容 (OGC)。與此同時，「使用者生成內容」
(UGC) 的概念和技術也逐漸發展，由此形成了使用者內容生
態。

　　內容生產賦予了 Web2.0 的成熟和 Web3.0 時代的來臨。
相較於 PGC 和 OGC、UGC，生成式 AI 透過人工智慧技術
生成內容，並在生成中注入了「創作」，意味著自然智慧所
「獨有」和「壟斷」寫作、繪畫、音樂、教育等創造性工作
的歷史走向終結。內容生成的四個階段如圖 0-1 所示。

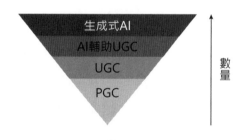

圖 0-1　內容生成的四個階段

　　第二，生成式 AI 的核心技術價值是讓「自然語言」與
人工智慧得以融合。自然語言是一個包括詞法、詞性、句法、

語義的體系，也是不斷演進的動態體系。代表生成式 AI 最新進展的是由 OpenAI 公司開發的 ChatGPT(Chat Generative Pre-trained Transformer)，它完成了機器學習演算法發展中自然語言處理領域的歷史性發展，即透過大規模預訓練模型，形成人工智慧技術理解自然語言和文本生成的能力，可以生成文字、語音、程式、圖像、影片，且能完成腳本編寫、文案撰寫、翻譯等任務。這是人類文明史上翻天覆地的改變，開啟了任何階層、任何職業都可以用任何自然語言和人工智慧交流，並且生產出從美術作品到學術論文的多樣化內容產品。在這樣的過程中，生成式 AI「異化」為一種理解、超越和生成各種自然語言文本的超級「系統」。

第三，生成式 AI 的絕對優勢是其邏輯能力。是否存在可以逐漸發展的邏輯推理能力，是人工智慧與生俱來的挑戰。生成式 AI 之所以能夠迅速發展，是因為它基於程式碼、雲端運算、訓練資料、圖型識別，以及透過機器對文本內容進行描述、分辨、分類和解釋，完成根據語言模型所學習的推理，甚至是知識增強的推理，構建了堅實的「底層邏輯」。不僅如此，生成式 AI 擁有基於準確和規模化的數據，形成包括學習、抉擇、嘗試、修正、推理，甚至根據環境回饋調

整並修正自己行為的能力；它可以突破線性思維框架並執行非線性推理，也可以透過歸納、演繹、分析，執行對複雜邏輯關係的描述。可以毫不誇張地說，生成式 AI 已經並持續改變著 21 世紀邏輯學的面貌。

第四，生成式 AI 展現了機器學習的集大成。21 世紀的機器學習演化到了深度學習 (Deep learning) 階段。深度學習可以更有效地利用資料特徵，形成深度學習網路，解決更為複雜的場景挑戰。2014 年生成對抗網路 (GAN) 的出現，加速了深度學習在生成式 AI 領域的應用（圖 0-2）。

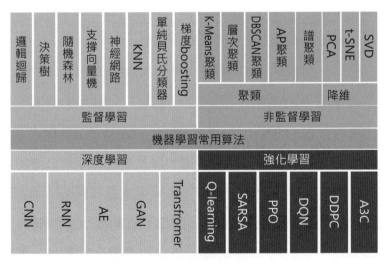

圖 0-2　機器學習常用演算法

資料來源：程式設計師 zhenguo(2023)，「梳理機器學習常用演算法 (含深度學習)」

第五，生成式 AI 開創了「模型」主導內容生成的時代。人類將加速進入傳統人類內容創作和人工智慧內容生成並行的時代，甚至進入後者逐漸走向主導位置的時代。這意味著傳統人類內容創作互動模式將轉換為生成式 AI 模型互動模式，而 2022 年是重要的歷史轉折點（圖 0-3）。

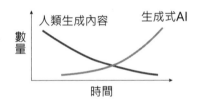

圖 0-3　人類生成內容向生成式 AI 轉換趨勢

而在自然語言處理 (NLP) 系統中，「Transformer」是一種融入注意力機制和神經網路模型領域的主流模型和關鍵技術。Transformer 具有將所處理的任何文字和句子「向量」或者「向量化」，且最大限度輸出精準意義的能力。

總之，沒有 Transformer，就沒有 NLP 的突破；沒有基礎模型化的生成式 AI，ChatGPT 升級也就難以實現。多種重要、高效的 Transformer 的集合模型如圖 0-4 所示。

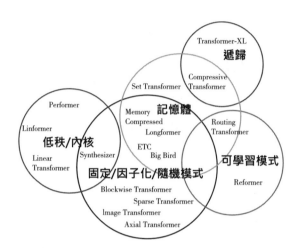

圖 0-4　多種重要、高效的 Transformer 的集合模型

資料來源：Tayetal(2022)，"Efficient Transformers: A Survey"，doi:10.48550/arXiv.2009.06732

　　第六，生成式 AI 開放性創造力的重要來源是擴散 (Diffusion) 模型。擴散模型的概念最早在 2015 年的論文《利用非均衡熱力學的深度非監督學習》中被提出。[a] 2020 年，論文《去噪擴散概率模型》中提出 DDPM 模型用於圖像生成。[b] 從技術的角度來看，擴散模型是一個潛在變數 (Latent Variable) 模型，經由馬可夫鏈 (Markov chain) 映射到潛在空

a Sohl-Dicksteinetal(2015)，"Deep Unsupervised Learning Using Nonequilibrium Thermodynamics"，

b Hoetal(2020)，"Denoising Diffusion Probabilistic Models"，doi:10.48550/arXiv.2006.11239.

間。[c] 一般來說，生成式 AI 因為吸納和依賴擴散模型，而擁有開放性創造力。

　　2021 年 8 月，史丹佛大學聯合眾多學者撰寫論文，將基於 Transformer 架構等的模型稱為「基礎模型」(Foundation model)，也常譯作大模型。Transformer 推動了 AI 整個範式的轉變（圖 0-5）。

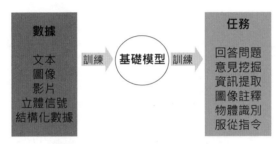

圖 0-5　基礎模型「Transformer」

資料來源：Bommasanietal(2022)," On the Opportunitiesand Risksof Foundation Models", doi:10.48550/arXiv.2108.07258

---

c 馬可夫鏈的命名來自俄國數學家安德雷‧馬可夫 (Andrey Andreyevich Markov，1856-1922)，定義為概率論和數理統計中具有瑪律可夫性質，且存在於離散的指數集和狀態空間內的隨機過程。瑪律可夫鏈可能具有不可約性、常返性、週期性和遍歷性。

　　第七，生成式 AI 的進化是以參數呈幾何級數擴展為基礎。生成式 AI 的訓練過程，就是調整變數和優化參數的過程。所以，參數的規模是重要前提。聊天機器人 ChatGPT 的問世，標誌著生成式 AI 形成以 Transformer 為架構的大型語言模型（Large Language Model，簡稱 LLM）機器學習系統，透過自主地從數據中學習，在對大量的文本資料集進行訓練後，可以輸出複雜的、類人的作品。

　　生成式 AI 形成的學習能力取決於參數的規模。GPT-2 大約有 15 億個參數，而 GPT-3 最大的模型有 1,750 億個參數，上升了兩個數量級。而且，它不僅參數規模更大，訓練所需的資料也更多。根據媒體報導但還未被證實的消息，GPT-4 的參數可能將達到 100 萬億規模（圖 0-6）。

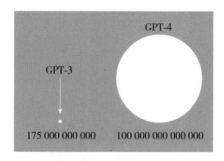

圖 0-6　GPT-4 的參數規模

根據學界經驗，深度神經網路的學習能力和模型的參數規模呈正相關。人類的大腦皮層有 140 多億個神經細胞，每個神經細胞又有 3 萬多個突觸，因此大腦皮層的突觸總數超過 100 萬億個。所謂的神經細胞就是透過這些突觸相互建立聯繫。假設 GPT-4 達到 100 萬億參數規模，堪比人的大腦，意味著它達到與人類大腦神經觸點規模的同等水準。

第八，生成式 AI 的算力需求呈現顯著增長。資料、演算法、算力是人工智慧的穩定三要素。根據 OpenAI 分析，自 2012 年以來，6 年間 AI 算力需求增長約 30 萬倍（圖 0-7）。

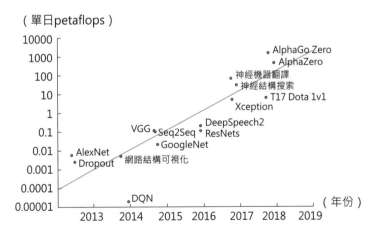

圖 0-7　從 AlexNet 到 AlphaGo Zero：30 萬倍的運算量增長

資料來源：OpenAI(2018)，" AI and Compute"，https://openai.com/blog/ai-and-compute/

　　在可以預見的未來，在摩爾定律 (Moore's Law) 已走向失效的情況下，AI 模型所需算力被預測每 100 天翻一倍，也就是「5 年後 AI 所需算力超 100 萬倍」。[d] 造成這樣需求的根本原因是 AI 的算力不再是傳統算力，而是「智慧算力」，是以多維度的「向量」集合作為算力基本單位。

　　第九，生成式 AI 和硬體技術相輔相成。從廣義而言，生成式 AI 的硬體技術是 AI 晶片，而且是經過特殊設計和製作的 AI 晶片。AI 晶片需要達到 CPU、GPU、FPGA 和 DSP 共存。隨著生成式 AI 的發展，計算技術的發展不再僅僅依靠通用晶片在製程工藝上的創新，而是結合多種創新方式，形成智慧計算和相關技術。例如，根據應用需求重新審視晶片、硬體和軟體的協同創新，即思考和探索新的計算架構，滿足日益巨大、複雜、多元的各種計算場景。其間，量子計算會得到突破性發展。

　　第十，生成式 AI 將為區塊鏈、NFT、Web3.0 和元宇宙帶來深層變化。生成式 AI 不會枯竭的創造資源和能力，將從根本上改變目前的 NFT 概念生態。Web3.0 結合區塊鏈、

d　新智元《5 年後 AI 所需算力超 100 萬倍》，2023 年 1 月 31 日，發表於北京。

智慧合約、加密貨幣等技術，實現去中心化理念，而生成式 AI 是滿足這個目標的最佳工具和模式。

毫無疑問，在 Web3.0 的環境下，生成式 AI 內容將出現指數級增長。元宇宙的本質是社會系統、資訊系統、物理環境形態透過數位構成了一個動態耦合的大系統，需要大量的數位內容來支撐，由人工來設計和開發根本無法滿足需求，生成式 AI 可以全面完善元宇宙生態的底層基礎設施。隨著生成式 AI 技術的逐漸成熟，傳統人類形態不可能進入元宇宙這樣的虛擬世界。未來的元宇宙主體將是虛擬人，即經過生成式 AI 技術，特別是融合 ChatGPT 技術，以程式碼形式呈現的模型化的虛擬人。

簡言之，區塊鏈、NFT、Web3.0，將賦予生成式 AI 進化的契機。生成式 AI 的進化，將加速廣義數位孿生形態與物理形態的平行世界形成。

第十一，生成式 AI 催生出全新的產業體系和商業化特徵。生成式 AI 利用人工智慧學習各類資料，自動生成內容，不僅能提高內容生成的效率，還能提高內容的多樣性。文字生成、圖片繪製、影片剪輯、遊戲內容生成皆可由 AI 替代，並正在加速實現，使得生成式 AI 進一步滲透和改造傳統產

業結構。在產業生態方面，生成式 AI 領域正在加速形成三層產業生態並持續創新發展，走向模型即服務 (Model as a Service, MaaS) 的未來（圖 0-8）。

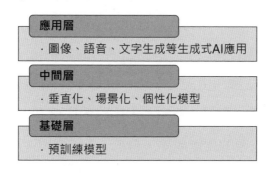

圖 0-8　生成式 AI 產業生態

資料來源：騰訊《生成式 AI 發展趨勢報告》，2023 年 1 月 31 日發佈

伴隨生成式 AI 演算法的優化與改進，它對於普通人來說也不再是一種遙不可及的尖端技術。生成式 AI 在文字、圖像、音訊、遊戲和程式碼生成中的商業模型漸顯。2B 將是生成式 AI 的主要商業模式，因為它有助於 B 端提高效率和降低成本，以填補數位鴻溝。但可以預見，由於生成式 AI「原住民」的成長，2C 的商業模式將接踵而來。根據相關機構預測，2030 年的生成式 AI 市場規模將超過萬億人民幣，其產業規模生態如圖 0-9 所示。

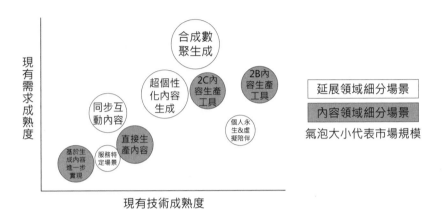

圖 0-9 生成式 AI 產業規模生態分佈

資料來源：陳李，張良衛 (2023)，「ChatGPT：又一個『人形機器人』」，東吳證券，
https://www.nxny.com/report/view_5185573.html

　　現在，生成式 AI，特別是在語言模型領域的全面競爭
已經開始。所以發生了微軟對 OpenAI 的大規模投資，因為
有這樣一種說法：「微軟下個十年的想像力，藏在 ChatGPT
裡。」近日，Google 宣布推出基於「對話程式語言模型」
(LaMDA) 的 Bard，使其搜索引擎包含人工智慧驅動功能。也
就是說，ChatGPT 刺激 Google 開始從「創新的兩難」中突
圍。未來很可能出現 Bard 和 ChatGPT 的對決或共存，也就
是 LaMDA 和 GPT-3.5 的對決和共存，構成生成式 AI 競爭和
自然壟斷的新生態。

在這樣的新興產業構造和商業模式下，就業市場會發生根本性改變：其一，專業職場重組，相當多的職業可能衰落和消亡；其二，原本支撐 IT 和 AI 產業的軟體工程師數量面臨嚴重萎縮，因為生成式 AI 將極大地刺激全球外包模式並取代軟體工程師。

第十二，生成式 AI 的法律影響和監管。雖然生成式 AI 這樣的新技術提供了很多希望，但也會為法律、社會和監管帶來挑戰。在中國，繼 2022 年 1 月國家網路資訊辦公室、工業和資訊化部、公安部、國家市場監督管理總局聯合發佈《互聯網資訊服務演算法推薦管理規定》後，2022 年 11 月，國家網路資訊辦公室再次會同工業和信息化部、公安部聯合發佈《互聯網資訊服務深度合成管理規定》。該規定的第五章第二十三條，對「深度合成技術」內涵做了規定：「利用深度學習、虛擬實境等生成合成類演算法製作文本、圖像、音頻、影片、虛擬場景等網路資訊的技術。」但可以預見，由於生成式 AI 技術日趨複雜，並將得到高速發展，很難避免監管出現缺乏專業和滯後的情況。

第十三，生成式 AI 正在引領人類加速逼近「科技奇點」。現在，人工智慧已經接管世界；世界正在經歷一波人工智慧

驅動的全球思想、文化、經濟、社會和政治的轉型浪潮。生成式 AI 呈現指數級的發展增速，開始重塑各個行業乃至全球的「數位轉型」。說到底，這就是以生成式 AI 為代表，以 ChatGPT 為標誌的轉型。這一切，在 2023 年會有長足的發展，特別是在資本和財富效益領域。（AI 產業在 2022 年接近 3,874.5 億美元，預計到 2029 年將超過 13,943 億美元，可謂市場機會巨大。2023 年，全球企業在人工智慧方面的支出將突破 5,000 億美元。）

　　如果說，2022 年 8 月的 AI 繪畫作品《太空歌劇院》(*Théatre D'opéra Spatial*) 推動生成式 AI 進入大眾視野，那麼 ChatGPT 的基礎模型 GPT-3.5 就是一個劃時代的產物。它與之前常見的語言模型 (BERT/BART/T5) 的區別幾乎是導彈與弓箭的區別。現在，呼之欲出的 GPT-4 很可能通過圖靈測試。如果是這樣，不僅意味著 GPT-4 系統可以改造人類的思想和創作能力，形成人工智慧超越專業化族群和大眾化的趨勢，而且意味著這個系統開始具備人類的思考能力，並有可能在某些方面和越來越多的方面取代人類。

　　特別值得關注的是被稱為「人工智能激進變革先鋒」的 BLOOM（大型開源語言模型）的誕生。從 2021 年 3 月 11

日到 2022 年 7 月 6 日，60 個國家和 250 多個機構的 1,000 多名研究人員，在法國巴黎南部的超級電腦上整整訓練了 117 天，創造了 BLOOM。這無疑是一場意義深遠的歷史變革的前奏。

史丹佛大學心理學和電腦科學助理教授丹尼爾・亞明斯 (Daniel Yamins) 說過：「人工智慧網路並沒有直接模仿大腦，但最終看起來卻像大腦一樣，這在某種意義上表明，人工智慧和自然之間似乎發生了某種趨同演化。」

2005 年，雷・庫茲威爾 (Ray Kurzweil，1948-) 的巨著《奇點臨近：當計算機智能超越人類》(*The Singularity Is Near: When Humans Transcend Biology*) 出版。該書透過推算奇異點指數方程，得出了這樣一個結論：「在 2045 年左右，世界會出現一個奇異點。這件事必然是人類在某項重要科技上，突然有了爆炸性的突破，而這項科技將完全顛覆現有的人類社會。它不是像手機這種小的奇異點，而是可以和人類誕生對等的超大奇異點，甚至大到可以改變整個地球所有生命的運作模式。」

現正處於狂飆發展狀態的生成式 AI，一方面已經開始呈指數形式膨脹，另一方面其「溢出效應」正在改變人類本

身。在這個過程中，所有原本看來離散和隨機的科技創新和科技革命成果，都開始了向生成式 AI 技術的收斂，人工智慧正在形成自我發育和完善的內在機制，推動人類社會快速超越數位化時代，進入數位化和智慧化時代，逼近可能發生在 2045 年的「科技奇點」。

中國經濟學家
朱嘉明

前　言

從機器學習到智慧創造

　　不知道你有沒有想過這個問題：是什麼讓我們得以思考？

　　從如同一張白紙的嬰兒，成長為洞悉世事的成人，正是長輩的教誨和十年寒窗塑造了我們如今的思考能力。學習，似乎就是智慧形成的最大奧秘。

　　人類崇尚智慧，嚮往智慧，並不斷利用智慧改造世界。走過農業革命，邁過工業革命，迎來資訊革命，一次又一次對生產力的改造讓人們相信，人類的智慧最終也能創造出人工的智慧。

　　數十年前，圖靈拋出的時代叩問「機器能思考嗎？」將人工智能從科幻拉至現實，奠定了後續人工智慧發展的基礎。之後，無數電腦科學的先驅開始解構人類智慧的形成，希望找到賦予機器智能的蛛絲馬跡。正如塞巴斯蒂安・特倫（Sebastian Thrun）所說：「人工智慧更像是一門人文學科。其

本質在於嘗試理解人類的智慧與認知。」如同人類透過學習獲得智慧一樣，自 20 世紀 80 年代起，機器學習成為人工智慧發展的重要力量。

機器學習讓電腦從數據中汲取知識，並按照人類所期望的，按部就班執行各種任務。機器學習在造福人類的同時，似乎也暴露出了一些問題，這樣的人工智慧並非人類最終期望的模樣，它缺少了人類「智慧」二字所涵蓋的基本特質：創造力。這個問題就好像電影《機械公敵》(I, Robot) 中所演繹的一樣，主角曾與機器人展開了激烈的辯論，面對「機器人能寫出交響樂嗎？」「機器人能把畫布變成美麗的藝術品嗎？」等一連串提問，機器人只能譏諷一句：「難道你會？」這也讓創造力成為區分人類與機器最基本的標準之一。

面對廬山雄壯的瀑布時，李白寫出「飛流直下三千尺，疑是銀河落九天」的千古絕句，感慨眼前的壯麗美景；偶遇北宋繁榮熱鬧的街景時，張擇端繪製《清明上河圖》這樣的傳世名畫，記錄下當時的市井風光與淳樸民風；邂逅漢陽江口的知音時，伯牙譜寫出《高山流水》，拉近了秋夜裡兩位知己彼此的心靈。我們寫詩，我們作畫，我們譜曲，我們盡情發揮著創造力去描繪我們的所見所聞，我們因此成為人類

的一分子，這既是智慧的意義，也是我們生活的意義。

但是，人類的創造力真的不能賦予機器創造力嗎？答案顯然是否定的。

在埃米爾・博雷爾 1913 年發表的《靜態力學與不可逆性》論文中，曾提出這樣的思想實驗：假設猴子學會了隨意按下打字機的按鈕，當無限隻猴子在無限臺打字機上隨機亂敲，並持續無限久的時間，在某個時刻，將會有猴子能打出莎士比亞的全部著作。雖然最初這只是一個說明概率理論的例子，但它也詮釋了機器具備創造力的可能性。只不過具備的條件過於苛刻，需要在隨機性上疊加無窮的時間量度。

在科學家們的不懈努力下，這個時間量度從無限被縮減至了有限。隨著深度學習的發展和基礎模型的廣泛應用，生成式人工智慧已經走向成熟，人們沿著機器學習的路，探索出如今的智能創作。在智能創作時代，機器能夠寫詩，能夠作畫，能夠譜曲，甚至能夠與人類自然流暢地對話。生成式 AI 將帶來一場深刻的生產力變革，而這場變革也會影響人們工作與生活的方方面面。本書希望透過生動的比喻和有趣的案例，用淺顯易懂的語言，讓每個人都能真切地參與這一次轟轟烈烈的科技革命，一起迎接全新的智能創作時代。

　　本書由杜雨、張孜銘負責統籌和編寫，其他對本書內容做出貢獻的編寫者包括：胡宇桐、張之耀參與編寫第一章、第六章第二節；李悅瑩協助製作第一章、第二章部分圖表；龐舜心參與編寫第三章、第六章第一節；袁譽銘參與編寫第四章第一、第二、第四節；劉子源參與編寫第四章第三節；段靖宇參與編寫第五章第三節；郭雨萍、王芸參與編寫第六章第二、第三節。

　　在本書的編寫過程中，感謝未可知和 QAQ(Quadratic Acceleration Quantum) 大家庭所有成員一直以來對我們的鼓舞，感謝中譯出版社和所有好友對本書的支持，感謝陳定媛、相子恒、徐臻哲為本書編校提供的建議和幫助。

目 錄
CONTENTS

目 錄
CONTENTS

第一章
生成式 AI：內容生產力的大變革

生成式 AI 如何從生產力角度促進當今數位經濟的發展？

萬物的智慧成本無限降低，

人類的生產力與創造力得到解放。

——山姆・阿特曼 (Sam Altman)

　　人工智慧經歷了從科幻小說走向現實應用的漫長歷程，如今已走進人們的日常生活。幾十年前，科學家的普遍觀念也許如愛達・勒芙蕾絲 (Ada Lovelace) 所言：「機器不會自命不凡地創造任何事物，它只能根據我們能夠給出的任何指令完成任務。」電腦科學的先驅也許預料到了人工智慧的迅猛發展，但我們相信他們依然會對今天人工智慧取得的成就感到震驚。

　　自工業革命以來，「是否具備創造力」就被視為人類和機器最本質的區別之一。然而，今天的人工智慧卻打破了持續數百年的鐵律。人工智慧可以表現出與人類一樣的智慧與創意，例如撰寫詩歌、創作繪畫、譜寫樂曲，而人類創造出的智慧又將反哺人類自身。人工智慧生成內容 (Artificial Intelligence Generated Content，AIGC，以下簡稱為生成式 AI) 的興起極大地解放了人類的內容生產力，將數位文明送入智能創作時代。我們有幸處於時代浪潮之巔，見證由技術進步帶來的全新變革。下面就讓我們一起走進生成式 AI 的世界，探索智能創作時代的無限可能。

第一節　從PGC、UGC到生成式AI

　　生產力是推進社會變革的根本動力，而生產工具則是衡量生產力發展水準的客觀標準，也是劃分經濟時代的物質標誌。從鑽木取火到機器大生產，生產力的發展推動了從農業社會到工業社會的社會躍遷。自第三次科技革命之後，網路成為連接人類社會的主要媒介，內容則是人們生產和消費的主要產品。網際網路經歷了 Web1.0、Web2.0、Web3.0 與元宇宙時代，不同網路形態下也孕育了相輔相成的內容生產方式，並一直沿用至今。表 1-1 呈現了內容生產方式從 PGC（Professional-Generated Content，專業生成內容）到 UGC（User-Generated Content，使用者生成內容），再到生成式 AI 的發展歷程。下面就讓我們一起來瞭解一下每個內容生產時代的特點與故事吧！

表 1-1　從 PGC 到 UGC，再到生成式 AI 的發展歷程

網際網路形態	Web1.0	Web2.0	Web3.0 與元宇宙
內容生產方式	PGC（專業生成）	UGC（使用者生成）	生成式 AI（AI 生成）
生產主體	專業人	非專業人	非人
核心特點	內容品質高	內容豐富度高	內容生產效率高

一、PGC：專家創作時代

　　20 世紀 90 年代，伴隨著全球資訊網的誕生與推廣，網際網路領域迎來了投資創業的熱潮，正式進入了 Web1.0 階段。在這個階段，一種基於「資訊經濟」的全新商業模式應運而生，網際網路服務供應商不僅提供技術服務，還能從生產與組織內容的流量曝光中獲得收益。此時的網路是靜態網路，大多數使用者只能在網上流覽和讀取資訊，內容的創建與發佈只掌握在極少數專家手中。不過，這裡的專家未必是內容領域的專家，他們只是藉由專業的方式將資訊聚合在一起，便利地提供給使用者流覽，入口網站、瀏覽器、搜尋引擎是當時最主要的產品。經過專業方式聚合、篩選並呈現出來的內容大多具有專業性，是由專業人士生產的高品質內容，這種內容生產方式被稱為 PGC。Yahoo 的綜合指南網站

以及亞馬遜的網路電影資料庫 (IMDb) 就是典型的產品代表，前者提供包含網路圖文內容的查詢工具，後者則聚合了優質的電影、電視節目等影片內容的相關資訊。

　　在 Web1.0 階段，雖然網際網路上的主要內容大多是由專家生產的，可以說是專家創作的時代，但後來諸多內容平臺、網路媒體機構、知識付費公司的創立與發展，才真正促使現在普遍意義上 PGC 概念的形成。現在的 PGC 主要是指由專家與專業機構負責生產內容，因為他們具備專業的內容生產能力，能夠保證內容的專業性。對於內容本身是否專業或許有不同的評價標準，但人們更常從創作主體的性質來界定內容生產方式是否屬於 PGC。根據創作主體過往的作品品質，人們可以更統一地界定內容的「專業性」。

　　創作者一般會根據明確的使用者需求對內容進行加工，借助高品質內容本身的原創性和價值賺取收益，例如版權作品、線上課程的銷售等。而高價值的內容也會得到更多使用者的關注，在獲得一定流量的基礎上，透過廣告等方式進行變現也是常見路徑之一。直至今日，這種最早出現的網路內容生產方式依然陪伴在我們左右，無論是愛奇藝、騰訊影片採購的影視劇綜，還是 36 氪、虎嗅等專業媒體平臺的新聞

報導，抑或是得到 APP、網易雲課堂等平臺的線上課程，都屬於 PGC 的範疇。

　　PGC 雖然具有高品質、易變現、針對性強等優勢，但也存在著明顯的不足。因為專業的品質要求往往導致這類內容創作門檻高、製作週期長，由此帶來了產量不足、多樣性有限的問題。此外，由於生產成本高，採購平臺或使用者通常需要支付相對較高的成本來獲取內容，從而導致一般使用者日常高頻率、多樣化的內容消費需求無法得到滿足。基於上述原因，網路需要新的內容生產形式來解決這些問題。

二、UGC：使用者創作時代

　　伴隨著網路的發展和使用者數量的增多，使用者們對多樣化和個性化內容的需求也日漸增加。同時，許多使用者也不再滿足於單向的內容接收，而是希望自己也能夠參與到內容的創作之中。21 世紀初，眾多社交媒體的出現迎合了這一需求，也宣告了網路演化到了 Web2.0 形態——社群網路。在 Web2.0 階段，使用者不僅是內容的消費者，也是內容的創作者，每一位使用者的創造力都得到了前所未有的彰顯。

雖然 PGC 內容生產方式依然存在，但爆發式增長的 UGC 內容生產方式已成為時代趨勢。所謂 UGC，指的是由所有一般使用者生產內容，這些內容具有多樣化的特徵，並借由推薦系統等平臺工具觸及與內容相符、具有相應個性化需求的使用者。專業與否早已不是網路內容創作的門檻，非專業人士也可以創作出大眾喜歡的內容，這也讓網路迎來了使用者創作時代。

在使用者創作時代，網路平臺的內容豐富度全面大幅提升。在貼吧、豆瓣等論壇平臺上，志同道合的使用者可以自由交流，一起探討感興趣的電影與書籍；在微信、微博等社交平臺上，每個人都可以用圖文記錄自己的生活，同時也能看到他人的生活；抖音、快手等自媒體平臺上，使用者可以拍攝並上傳自己創作的短片，在獲取大眾關注的同時，還能獲得各種流量變現的獎勵。各類內容平臺的角逐，也逐漸從高品質 PGC 內容的生產，轉向有利於 UGC 創作者生態的形式。

與 PGC 類似，UGC 突出的內容優勢也必然伴隨著不可避免的痛點，極其豐富的內容背後存在著內容品質參差不齊的問題，平臺方需要投入大量精力和成本去進行創作者學

習、內容審核、版權控管等方面的工作。此外，雖然在平臺層面，內容生產供給的問題得到了解決，但對於每個創作者而言，依然面臨著內容品質、原創程度和更新頻率的不可能三角，即上述三個方面不可能同時做到。相較於 PGC 的團隊工作，UGC 的創作者很多都是單打獨鬥，難以在保證內容品質、原創程度的情況下還能兼顧更新頻率。與此同時，創作者數量的增多使競爭變得更加激烈，許多創作者不得不選擇降低品質、洗稿抄襲等捷徑，用高頻率的更新留住觀眾。

　　長此以往，健康的創作生態將遭到破壞，這種創作者的兩難催生內容生產方式的全新變革，生產效率的提升已迫在眉睫。

三、生成式 AI：智能創作時代

　　面對網路內容生產效率提升的迫切需求，人們突發奇想：是否能夠利用人工智慧去輔助內容生產呢？這種繼 PGC、UGC 之後形成的、完全由人工智慧生成內容的創作形式，被稱為「人工智慧生成內容」（AIGC）。正如人們最初眺望 Web3.0 時構想的「語義網」(Semantic Web) 一樣，未來的網

路應該是更加智慧的網路，它不僅能夠讀懂各種語義資訊，還能從資訊識別的角度解放人類的生產力。即便後來區塊鏈技術的蓬勃發展改變了 Web3.0 的指代，元宇宙也展現出網路浩瀚的未來，但內容的價值權利歸屬和虛擬空間的發展仍然需要更高效的內容生產方式，生成式 AI 也就凝聚了人們對於未來的期待。

　　讓人工智慧這樣的非人機器學會創作絕非易事，科學家在過往做了諸多嘗試，並將這一研究領域稱為「生成式人工智慧」(Generative AI)，主要研究人工智慧如何被用於創建文本、音訊、圖像、影片等各種模態的資訊。為了便於理解，本書並不打算對「生成式人工智慧」和「人工智慧生成內容」的概念加以區分，在後續的內容中將全部以「生成式 AI」作為指代。

　　最初的生成式 AI 通常由小模型展開，這類模型一般需要特殊的標註資料訓練，以解決特定的場景任務，通用性較差，很難被遷移，而且高度依賴人工調整參數。後來，這種形式的生成式 AI 逐漸被基於大資料量、大參數量、強演算法的「基礎模型」取代，這種形式的生成式 AI 無須經過調整，或只需經過少量微調 (Fine-tuning) 就可以遷移到多種生成任

務中。

2014 年誕生的 GAN（Generative Adversarial Networks，生成對抗網路）是生成式 AI 早期轉向基礎模型的重要嘗試，它利用生成器 (Generator) 和判別器 (Discriminator) 的相互對抗並結合其他技術模組，可以完成各種模態內容的生成。而到了 2017 年，Transformer 架構的提出，使得深度學習模型參數在後續的發展中得以突破 1 億大關，這種基於超大參數規模的基礎模型，為生成式 AI 領域帶來了前所未有的機遇。此後，各種類型的生成式 AI 應用開始湧現，但尚未獲得社會大眾的廣泛關注。

2022 年下半年，兩個重要事件激發了人們對生成式 AI 的關注。2022 年 8 月，美國科羅拉多州博覽會上，數位藝術類冠軍頒發給了由 AI 自動生成並經由 Photoshop 潤色的畫作《太空歌劇院》，消息一經發佈就引起了軒然大波。該畫作兼具古典神韻和太空的深邃奧妙，如此恢宏細膩的畫風很難讓人相信它是由 AI 自動生成的作品，而它奪得冠軍的結果也大大衝擊了人們過往對於「人工智慧的創造力遠遜於人」的固有認知，自此徹底引爆了人們對於生成式 AI 的興趣與討論。生成式 AI 也自此從看似遙遠的概念逐步以生動有趣

的方式走入人們的生活，帶來了過去令人難以想像的豐富體驗。

2022 年 11 月 30 日，OpenAI 發佈了名為 ChatGPT 的超級 AI 對話模型，再次引爆了人們對於生成式 AI 的討論熱潮。ChatGPT 不僅可以清晰地理解使用者的問題，還能如同人類一般流暢地回答使用者的問題，並完成一些複雜任務，包括按照特定文風撰寫詩歌、假扮特定角色對話、修改錯誤程式碼等。此外，ChatGPT 還表現出一些人類特質，例如承認自己的失誤，按照設定的道德準則拒絕不懷好意的請求等。ChatGPT 一上線，就引發使用者爭相體驗，到處都是體驗與探討 ChatGPT 的文章和影片。但也有不少人對此表示擔憂，擔心作家、畫家、程式設計師等職業在未來都將被人工智慧取代。

雖然存在這些擔憂，但人類的創造物終究會幫助人類自身的發展，生成式 AI 無疑是一種生產力的變革，將世界送入智能創作時代。在智能創作時代，創作者生產力的提升主要表現為三個方面：

- 代替創作中的重複性工作，提升創作效率。

- 將創意與創作相分離，內容創作者可以從人工智慧的生成作品中找尋靈感與思考模式。

- 從海量預訓練的資料和模型中引入的隨機性，有利於拓展創新的邊界，創作者可以產生前所未有的傑出創意。

即便如此，生成式 AI 也並非完美無缺，「人工智慧生成的內容如何確定版權歸屬」、「生成式 AI 是否會被不法分子利用，生成具有風險性的內容或用於違法犯罪活動」等一系列問題都是現在人們爭論的焦點。目前，學界與業界在嘗試從各個方面解決這些問題。但不管怎樣，生成式 AI 的迅猛發展已成不可逆轉之勢，智能創作時代的序幕正在緩緩拉開。

第二節　生成內容創作的四大模態

　　本節將從文本、音訊、圖像、影片四大模態角度介紹人工智慧生成內容創作的相關案例。不過，為了更全面地介紹不同模態內容的生成應用，本節提供的案例將不僅僅包括引起本次生成式 AI 熱潮的基礎模型應用，還包括利用傳統小模型的相關生成應用。

一、AI 文本生成

　　2014 年，在洛杉磯地震發生三分鐘後，《洛杉磯時報》就立刻發表了一篇相關報導。《洛杉磯時報》之所以能夠在這麼短的時間內完成這一創作壯舉，是因為公司早在 2011 年就開始研發名為 Quakebot 的自動化新聞生成機器人，它可以根據美國地質調查局產生的資料自動撰寫文章。這些新聞媒體機構最初撰稿借助的 AI 工具大多是外部採購的，而在智能創作時代的背景下，許多媒體機構已經開發了內部 AI，比

如英國廣播公司的「Juicer」、《華盛頓郵報》的「Heliograf」，而彭博社發佈的內容有近三分之一是由一個叫「Cyborg」的系統生成的。

中國媒體在 AI 撰稿領域也有相關嘗試。例如，2016 年 5 月，四川綿陽發生 4.3 級地震時，中國地震臺網開發的地震資訊播報機器人在 6 秒內寫出了 560 字的快速報導；2017 年 8 月，當四川省阿壩州九寨溝縣發生 7.0 級地震時，該機器人不僅翔實地撰寫了有關地震發生地及周邊的人口聚集情況、地形地貌特徵、當地地震發生歷史及發生時的天氣情況等基本資訊，還配有 5 張圖片，全過程不超過 25 秒；在後續的餘震報導中，該機器人的最快發佈速度僅為 5 秒。

以上便是 AI 進行結構化寫作的典型範例，雖然上述案例都與新聞撰寫相關，但 AI 在文本生成領域的應用絕不僅限於此。AI 文本生成的方式大體分為兩類：非互動式文本生成與互動式文本生成。非互動式文本生成的主要應用方向包括結構化寫作（如標題生成與新聞播報）、非結構化寫作（如劇情續寫與行銷文本）、輔助性寫作。其中，輔助性寫作主要包括相關內容推薦及潤色，通常不被認為是嚴格意義上的生成式 AI。互動式文本生成則多用於虛擬男／女友、心理諮

詢、文本交互遊戲等涉及互動的場景。

　　前文提到的新聞播報就屬於結構化寫作，通常具有比較強的規律性，能夠在有高度結構化的資料作為輸入的情況下生成文章。同時，AI 不具備個人色彩，行文相對嚴謹、客觀，因此在地震資訊播報、體育快訊報導、公司年報資料、股市訊息等領域具有較大優勢。中國許多知名媒體旗下都有這種類型的 AI 小編，包括新華社的「快筆小新」、第一財經的「DT 稿王」、《南方都市報》的「小南」、封面新聞的「小封」、騰訊財經的「Dreamwriter」，以及今日頭條的「Xiaomingbot」等。

　　AI 結構化寫作還可以被用於生成自動標題與摘要，它可以透過自然語言處理（Natural Language Processing，簡稱 NLP）對一篇純文字內容進行讀取與加工，從而生成標題與摘要。以 Github 上標題生成的 GPT2-News Title 專案為例，輸入文本內容：「今日，中國三條重要高鐵幹線——蘭新高鐵、貴廣鐵路和南廣鐵路將開通運營。其中蘭新高鐵是中國首條高原高鐵，全長 1,776 公里，最高票價 658 元。貴廣鐵路最高票價 320 元，南廣鐵路最高票價 206.5 元，這兩條線路大大縮短西南與各地的時空距離。」可以得到 AI 反饋的

標題:「中國『高鐵版圖』再擴容,三條重要高鐵今日開通」。提煉的標題簡約而精準,實用價值性高。

而相較於這種結構化寫作,非結構化寫作會更有難度。非結構化寫作如詩歌、小說／劇情續寫、行銷文案等,都需要一定的創意與個性化,然而即便如此,AI 也展現出了令人驚歎的寫作潛力。

以詩歌為例,2017 年微軟推出的人工智慧虛擬機器人「小冰」出版了人類史上第一部 AI 編寫的詩集《陽光失了玻璃窗》,其中包含 139 首現代詩。諸如「而人生是萍水相逢／在不提防的時候降臨／你和我一同住在我的夢中／偶然的夢／這樣的肆意並不常見／用一天經歷一世的歡喜」,雖然在邏輯性上較不連貫,但整體富有韻律與情感,同時帶有意象的朦朧感。

你如果對此感到好奇,不妨前往小冰寫詩的網站親自嘗試。在首頁,就會看到一則有趣的聲明:「小冰宣佈放棄她創作的詩歌版權,所以你可以任意發表最終的作品,甚至不必提及她參與了你的創作。」這段聲明讓人不禁好奇,這兩年看到的很多現代詩會不會都是 AI 創作的?

按照官網提示,點擊「馬上開始」便會來到輸入「靈感」

的頁面，頁面上設置了上傳圖片或提示性文字的位置。你可以上傳一張提供創作靈感的照片，就好像詩人會觸景生情、吟詩作對一樣，人工智慧同樣需要觀景而抒懷。例如，我們上傳了一張在海邊拍攝的夕陽照片（圖 1-1），等待了大約 10 秒鐘處理時間，便可以看到小冰寫詩處理過程的展現介面。

圖 1-1　海邊日落圖 (攝於 2022 年 7 月 9 日)

在經歷完意象抽取、靈感激發、文學風格模型構思、首句試寫、詩句疊代和完成全篇的流程後，小冰生成了一首十四行詩，我們從中截取兩段分享給各位讀者。

每一條溫水下的微風

你會瞧見她的時候卻皺起眉

青春就是人生的美酒

雖然是夢中的幻境

喝的是人們認識的人

縱使千萬人的美酒會化成灰燼

乘你的眼睛裡藏著深情

又如天空徘徊

讀罷，我們仿佛看見一位佇立在夕陽下的詩人，舉起手中的酒杯，對天吟詠，感慨著青春易逝、物是人非。而當我們點擊「複製初稿」進行黏貼時，連同詩歌一起黏貼過來的，除了再次出現的「放棄版權聲明」，還有這樣一段話：「未來世界，每個人類創作者的身邊，都將有一個人工智慧少女小冰，而你今天已經擁有。」看到這裡，很難不讓人幻想未來世界人類與機器攜手創作的畫面。

除了詩歌，AI 也能進行故事、劇本和小說的寫作。在

2016 年的倫敦科幻電影節上誕生了人類史上第一部由 AI 撰寫劇本的電影《陽春》(*Sunspring*)。這部影片的機器人編劇「班傑明」由紐約大學研究人員開發，雖然影片只有 9 分鐘，但班傑明在寫作前經過了上千部科幻電影的訓練學習，包括經典影片《2001 太空漫遊》、《超時空聖戰》、《第五元素》等。

2021 年 10 月初，美國熱門流媒體平臺 Netflix 與知名喜劇人基頓・帕蒂 (Keaton Patti) 在 YouTube 上合作發佈了一部 AI 劇本創作的電影《謎題先生希望你少活一點》(*Mr.Puzzles Wants You to Be Less Alive*)。AI 被基頓・帕蒂強迫著「觀看」了超過 40 萬個小時的恐怖電影劇本之後，創作出了這部電影作品，並獲得了使用者的廣泛關注。截至 2022 年 12 月 11 日，該電影在 YouTube 上的播放量已超過 420 萬，遠高於 Netflix 頻道其他影片的播放量。

在這部電影中，我們能夠看到向《奪魂鋸》、《德州電鋸殺人狂》、《半夜鬼上床》等知名恐怖電影致敬的畫面。不過，真正賦予這部影片討論度的，並非其中的恐怖元素，而是作為一部恐怖影片，它的笑點非常密集，「我爸會花錢贖我，但我媽不會」、「請不要殺我，我有好幾個家庭」、「他醉了，但被清醒所困擾」等金句頻出，很難不讓人印象深刻。

評論區網友的感歎道出了許多人的心聲：「怎麼恐怖元素沒抓住，喜劇精髓倒是拿捏死了。」整部影片充滿了毫無邏輯的荒誕設定和出其不意的笑點，也不怪乎有人感歎：「真正可怕的是，這些機器人已經掌握了人類的幽默感。」

同樣令人一邊驚歎 AI 智慧的能耐、一邊忍俊不禁的還有 Botnik Studios 公司研發的 AI 機器人的作品。AI 機器人在拜讀了《哈利波特》整套小說後，寫出了續集《哈利波特與看起來像一堆灰燼的肖像》(Harry Potter and the Portrait of What Looked Like a Large Pile of Ash)，故事情節異想天開，比如「懷孕的佛地魔」、「他看到了哈利，然後立刻開始吃妙麗全家」、「榮恩打算變成一隻蜘蛛」。

當然，這種腦洞大開的故事寫作並不限於非互動式文本生成類型，互動式文本生成也可以撰寫故事。2017 年萬聖節期間，MIT 媒體實驗室推出了一個講恐怖故事的人工智慧系統「Shelly」，它可以生成恐怖故事的開頭，然後與人類讀者合作把令人毛骨悚然的故事續寫下去。Shelly 每隔一個小時就會在 Twitter 上發佈一個新故事開頭，當有人回應、故事足夠受歡迎時，Shelly 就會回覆新的句子，讓故事繼續下去。

這種互動式的故事寫作模式也可以用來製作文字類冒險

遊戲。2021 年，開發者尼克・沃爾頓 (Nick Walton) 就曾推出過這樣一款遊戲《AI 地下城 2》(AI Dungeon 2)。這是一款能夠無限生成的文字冒險遊戲，玩家可以從生成的幾個設定和角色中進行選擇，然後用動詞開頭的祈使句來輸入行動，遊戲 AI 會自動根據輸入的行動生成相應的故事。比如，你可以選擇作為一個出生在奇幻世界的騎士踏上旅程，在旅途中，你可能遇到王國的巫師、吐火的巨龍、被綁架的公主，諸如此類。

　　除了上面介紹的這些例子，最令人印象深刻的互動式文本內容生成程式要屬 ChatGPT。與前文所展示的例子不同，ChatGPT 可以同時作為問答、聊天及創作 AI 存在，它的使用場景日常且多樣，融合了文案生成、小說續寫、程式碼生成、程式漏洞修復、線上問診等場景，甚至展現出了超越搜尋引擎的潛力。接下來讓我們直接感受 ChatGPT 的強大功能（以下 ChatGPT 針對問題的回答均用 AI 表示）。

　　(1) 首先，讓我們詢問一下它知不知道自己是什麼，看看它會如何作答。

問：ChatGPT 是什麼？

AI：ChatGPT 是一個由 OpenAI 開發的聊天機器人模型，它是基於大型語言模型 GPT-3 訓練的，可以自然地對話，並回答使用者的問題。它能夠以人類般流暢的方式進行交流，並能夠模仿各種風格和口吻。ChatGPT 是一個非常強大的工具，可以用來輔助客服、創建聊天機器人等。

(2) 關於本書的寫作貌似沒什麼想法了，讓我們嘗試著從 ChatGPT 這裡獲得啟發。

問：我想寫一本關於生成式 AI 的書，該怎麼擬定大綱框架？

AI：第一部分：生成式 AI 的概述

　　· 介紹生成式 AI 是什麼，它的基本概念和特點。

　　· 講述生成式 AI 的發展歷程，以及它的技術背景。

　　第二部分：生成式 AI 的應用

　　· 討論生成式 AI 在各個領域的應用情況。

> ・舉例說明生成式 AI 在客服、語音辨識和翻譯等方面的具體應用。
>
> 第三部分：生成式 AI 的未來
>
> ・展望生成式 AI 的發展趨勢。
>
> ・探討生成式 AI 在未來可能的應用場景。
>
> 第四部分：總結

(3) 除了寫作輔導，我們也來試一下它能不能教人表白。

> 問：我想要在 2022 年結束前，和我喜歡的人告白，請幫我想一段誠摯的告白的話。
>
> AI：親愛的，在這個即將結束的 2022 年，我想對你說：我喜歡你，喜歡你的一切。我喜歡和你在一起的感覺，感覺你陪伴的溫暖。你是我一生中遇見的最特別的人，我希望我們能一直在一起，共度餘生，請讓我成為你的伴侶，與你共同走過這段旅程。

(4) 不會發限時動態？不會寫賀卡？也可以試試求助人工
智慧！

問：請幫我寫一條限時動態，表達我失眠的心情，
　　同時展現我的文學才華。

AI：朋友們，今晚我又失眠了。我坐在床上，面對
　　著漆黑的天花板，想像著各種奇怪的事情，掙
　　扎著想要入睡，卻始終如故。失眠之苦，唯有
　　身在其中的人才能體會。
　　我想起了莎士比亞的名句：「夜深人靜，空氣
　　中彌漫著一種詭異的氣息。」是的，失眠之夜，
　　就像漆黑的夜空，讓人感到不安和孤獨。
　　朋友們，你們有沒有好的方法，能幫助我入睡
　　呢？敬請指教。

　　這還不是最有趣的。最有趣的是，ChatGPT 具有很強的
上下文連接與多輪對話的能力，同時還具有記憶能力，當向
它追問「能不能再誇張一點」時，它可以在之前生成的文案
基礎上進行改寫。這種連續對話大幅提高了人機交互體驗。

問：能不能表顯得誇張一點？

AI：朋友們，今晚我又失眠了。我翻來覆去，把被子打成了螺旋形，繃得緊繃繃的，就像擰緊了彈簧一樣。失眠之苦，實在是令人難以忍受。我想起了莎士比亞先生的名言：「夜深人靜，空氣中彌漫著一種詭異的氣息。」是的，失眠之夜，就像漆黑的夜空，讓人感到不安和孤獨，我想，失眠之人，應該像受傷的勇士一樣，堅強地挺過難關。我們要不屈不撓，不懈地努力，才能擺脫失眠的折磨，才能重新健康地入睡。

朋友們，你們有沒有好的方法，能幫助我入睡呢？敬請指教。

(5) 當不會撰寫程式的時候，你也可以嘗試求助於 ChatGPT。

問：如何在 LaTex 上寫一個積分方程？

AI：在 LaTeX 中，可以使用 \int 命令來表示積分。

例如，要在 LaTeX 中寫出以下的積分方程式：

$$\int_0^1x^2dx$$

可以使用如下的 LaTeX 程式碼：

\int_0^1x^2dx

完整的 LaTeX 程式碼如下：

\documentclass{article}

\usepackage{amsmath}

\begin{document}

\[

\int_0^1x^2dx

\]

\end{document}

　　不只是輔助程式設計，ChatGPT 甚至在一些測試中可以直接修改程式碼，並提供可以直接複製的程式碼範例，這在未來將極大減輕程式設計師的工作強度。

　　人類正在想方設法地釋放 AI 的力量。例如，產品經理試圖引導 ChatGPT 生成產品需求文件，訓練 ChatGPT 根據自己之前寫的週報自主修改週報。根據使用者 Jiayuan@Tisoga 在 Twitter 上分享的案例，ChatGPT 目前生成的產品需求文件內容完備且附帶技術方案，未來產品經理需要做的可能只是和 ChatGPT 聊一下自己的想法以及項目相關背景，讓 AI 生成一份草稿，再進行修改潤色即可。

　　同樣，使用者也可以透過不斷的提問引導 ChatGPT，層層遞進完成從研究框架到研究報告的輸出。先讓 ChatGPT 生成報告大綱，再透過類似專家訪談一樣一步步提問讓 ChatGPT 補充報告內容，並在這個過程中根據其答案進行衍生提問，不斷完善它的邏輯。例如，按照上面第 (2) 個回答中的寫作大綱，我們可以讓 ChatGPT 繼續寫下去：什麼是生成式 AI ？它的基本概念與特點是什麼？

　　面對這樣強大的功能，很難不讓人幻想 AI 生成文本的未來：程式設計師、研究員、產品經理等涉及重複性工作的

腦力勞動者可能都將被 AI 取代，這些職業可能都演變成了新的職業——關鍵字 (Prompt) 工程師，目的是幫助人類提升與 AI 互動的能力。

二、AI 音訊生成

目前，生成式 AI 在音訊生成領域已經相當成熟，並廣泛應用於有聲讀物製作、語音播放、短片配音、音樂合成等領域。AI 音訊生成主要分為兩種類型：語音合成與歌曲生成，這兩種類型都有許多經典案例。

在語音合成領域，喜馬拉雅曾採集著名評書表演藝術大師單田芳生前的演出聲音，運用文本轉語音（TexttoSpeech，簡稱 TTS）技術，推出單田芳聲音重現版的《毛氏三兄弟》和歷史類作品。在 QQ 瀏覽器首頁的「免費小說」頻道中的聽書功能模組，使用者也可以選擇自己喜歡的 AI 語音包素材進行播放，語音包有六種 AI 音色可供選擇：清朗男聲、標準男聲、軟萌音、御姐音、東北女聲、溫柔淑女音，並且合成的語音節奏分明、情緒自然，能夠自在解放雙眼。

除了語音讀書，短片配音也是一個常見的音訊生成應

用領域。「注意看，這個男人叫小帥。」短片平臺的很多電影解說都伴隨這句話開始，隨後很可能還會聽到女主角「小美」的名字。抑揚頓挫的男聲搭配一些電影的高潮情節畫面，再加上相似的解說套路和背景音樂，這其實也是 AI 生成語音的典型應用，使用者只需 3 ～ 5 分鐘就可以看完一部「電影」。當然，語音合成不僅可以應用於說話音檔，也可以應用於唱歌音檔，歌手歌聲合成軟體 Xstudio 就能夠為使用者提供具有不同音色和唱腔的虛擬歌聲。

而對於 AI 歌曲生成，在 OpenAI 發佈的最新專案 Muse Net 中，使用者可以使用 AI 生成多達 10 種樂器演奏的歌曲，甚至還可以制作多達 15 種風格的音樂，模仿莫札特和蕭邦等古典作曲家、Lady Gaga 等當代藝術家，也可以模仿電子遊戲音樂等類型。

除了直接生成音樂，AI 歌曲在實際應用中常用來自動作詞。「醒來燦爛星光透過了窗臺，海岸線連接了那片山川大海。湧動夢境邊緣像是空曠舞臺，在眼前忽然展開。」看到這段文字，你的腦海中是否浮現出星河璀璨、山川河海一望無際的絢麗景象呢？這段頗具畫面感和動態美的歌詞，正是由網易新開發的人工智慧所創作。

　　網易伏羲利用自主研發的「有靈智慧創作平臺」，讓 AI 學會人類語言組織的基本邏輯。借助大規模的語料訓練，使用者可以僅憑借輸入預設風格、標籤、情緒和韻腳便可以得到一首極富韻律美和意境感的歌詞。例如，在設定好中國古典風格之後，加入「夜晚」、「梧桐」、「葉落」、「深秋」、「鄉愁」等標籤並選定江陽韻，便得到了由人工智慧創作的歌詞。

一陣秋風晚夜微涼

不遠處竹影悠長

梧桐路旁誰留下幽幽暗香

那一片片梧桐葉落我心上

孤燈暗夜風霜

梧桐心悲涼

低語道不盡半世情傷

深深秋雨讓人惆悵

天上彎彎的月亮

思念的人兒在他鄉

這樣的夜晚夜太漫長

> 心愛的姑娘你在何方
>
> 斜陽晚夜雪落西窗
>
> 留下一根琴弦唱著你的憂傷
>
> 梧桐雨巷人影茫茫

　　「孤燈，暗夜風霜」渲染了蕭瑟淒涼的異鄉秋景，「天上彎彎的月亮，思念的人兒在他鄉」刻畫了身在異鄉的有情人不得相見的哀婉與淒苦，用簡單的意象卻能營造出如此意境，實在是令人為之驚歎，人工智慧生成音樂遠比我們想像的更加熟練靈活。當然，除了根據伴奏配歌詞，人工智慧同樣可以根據編寫好的歌詞編曲。網易天音就是這樣一個一站式的音樂編曲平臺，不過，編曲的生成相對於歌詞生成會更有難度，一般需要擁有一定的樂理基礎、能夠根據和絃譜進行編曲微調的編輯。

　　此外，AI 歌曲生成還有一些更有趣的玩法，比如騰訊在 2020 年攜手明星王俊凱推出了 AI 歌姬「艾靈」：當使用者選擇關鍵字後，輸入個人的名字或暱稱，AI 便能自動生成帶有使用者名字的歌詞，並會生成歌聲與王俊凱共同演唱。

三、AI 圖像生成

　　你是否在生活中使用過修圖軟體？如果使用過，那麼很有可能在你未曾注意到的時候，就已經在接觸 AI 生成圖像了，比如去除浮水印、添加濾鏡等都屬於廣義上 AI 圖像生成的範疇。

　　目前，生成式 AI 在圖像生成方面有兩種最成熟的廣泛使用場景：圖像編輯工具與圖像自主生成。圖像編輯工具的功能包括去除浮水印、提高解析度、特定濾鏡等。圖像自主生成其實就是近期興起的 AI 繪畫，包括創意圖像生成（隨機或按照特定屬性生成畫作）與功能性圖像生成（生成 logo、模特兒照片素材、行銷海報等）。

　　2022 年下半年，AI 繪圖無疑成為最熱門的話題，不少人都樂此不疲地在自己的社交平臺上分享各種形式的 AI 繪畫作品。從參與感與可玩度來看，AI 繪畫大致可以分為三類：借助文字描述生成圖像、借助已有圖像生成新圖像，以及兩者的結合版。

　　當被問及周圍最早一批使用 AI 繪畫軟體的使用者為什麼喜歡 AI 繪畫時，有人這樣回答道：「我小時候就喜歡畫畫，

但天賦實在有限，家裡覺得既然沒辦法考上藝術學校，還是好好學習更重要，就沒有花太多精力在上面。但現在，AI 繪畫完成了我曾經的夢想。」曾經，那些因為各種各樣原因放棄繪畫或沒有學繪畫的人，在這個時代也能僅憑輸入幾個詞語、一段文字，就能得到一張還不錯的繪畫作品。如圖 1-2 所示，在 AI 繪畫工具 Stable Diffusion 上輸入「一座復古未來主義的空中浮島」的英文，便可以得到一張生動的圖片。

　　你是否也覺得這很神奇，仿佛魔法一般？事實上，從文本到圖像的生成真的有「咒語」存在，這個「咒語」就是被用來激發創作與思考的關鍵字。關鍵字可以是一個問題、一個主題、一個想法或一個概念，在 AI 繪畫的語境下可以簡單理解為「餵給」AI 進行創作的一組靈感片語，通常是對自己設想作品的簡要描述。

　　主流的英文 AI 繪畫工具 Stable Diffusion、DALL・E 2、Midjourney，以及中文 AI 繪畫工具如文心一格、意間 AI 繪畫、AI Creator 等，都會在創作時引導你輸入「咒語」。如果你暫時缺乏靈感，有些平臺也會提供「自動生成」選項，讓 AI 幫你自主搭配，然後在其基礎上進行你想要的修改。

　　如此一來，AI 降低了普通人參與藝術創作的門檻，讓沒

有繪畫基礎的人也能透過文字描述表達自己的創作靈感，滿足自己的創作欲望。比如，我想得到一幅中國風的山水畫，我可以這樣輸入提示詞：水、林木、雲霧、山石、溪流、山巒、霞光、水墨畫、中國風、低飽和。AI 成功讀取了我的「咒語」，然後反饋了我下面這幅畫（圖 1-3）。

圖 1-2　「一座復古未來主義的　圖 1-3　中國山水畫生成圖像
　　　空中浮島」生成圖像　　　　　　生成來源：Midjourney
生成來源：Stable Diffusion

　　如果你對畫家及其作畫風格有所瞭解，你還可以在編寫「咒語」時加入這些畫家的名字指定畫風。AI 繪畫工具不只支援知名畫家如達文西、梵谷、畢卡索等的畫風，還支援眾多現代畫家的畫風。假如你想要復古神秘的畫風，可以嘗試加入英國插畫師湯姆‧巴格肖 (Tom Bagshaw) 的名字；想要

CG（電腦動畫）人物畫，則可以加入代表性畫師 Artgerm、阮佳 (Ruan Jia) 的名字。為了方便讀者直觀地感受融入了特定風格生成畫作的效果，我們利用 Jasper.AI 生成了具有張大千與梵谷畫風的畫作（圖 1-4 和圖 1-5）。

　　AI 的能力超乎你的想像，除了一鍵構圖與風格調整，它甚至可以辨別 2D 與 3D，滿足使用者的精細化設計與製作需求。例如，當我們想在人物畫上生成小狗時，DALL‧E 2 會把小狗畫入畫中，如圖 1-6 所示。

圖 1-4
生成來源：Jasper.AI

圖 1-5
生成來源：Jasper.AI

圖 1-6　AI 生成畫中的二次元小狗
生成來源：DALL・E 2

　　而當我們想要把一隻 3D 小狗畫在座位上的時候，
DALL・E 2 便生成了一隻真實的、三次元的小狗，如圖 1-7
所示。

圖 1-7　AI 生成座位上的三次元小狗
生成來源：DALL・E 2

　　伴隨著 AI 繪畫技術的逐漸成熟，AI 插畫也被用作一些具有功能性的場景中。例如，2022 年 6 月 11 日，著名雜誌《經濟學人》首次採用了 AI 插畫作為封面，作品名為《AI 的新邊界》(*AI's new frontier*)。在封面油畫風格的分割色塊背後，有著一張具備少量機械特徵的人臉，預示著 AI 將以全新的面貌出現在我們面前，拓展人類技術的新邊界。

　　除了可能提高封面插圖類的設計效率外，AI 繪畫目前也被用於遊戲開發環節，包括前期的場景與人物圖輔助等，此外也有部分遊戲工作者正在探索基於 Stable Diffusion 生成遊戲資產，比如遊戲圖示及遊戲內的道具。

　　雖然 AI 繪畫對內容生產力的提升具有很大幫助，但也引發了許多人的憂慮，許多藝術家擔心 AI 繪畫可能會因為訓練樣本的選取而剽竊自己的作品元素，也擔心這些 AI 生成的作品被用於一些欺騙性的用途，危害到人類自身。

　　針對 AI 與人類的辯題，Midjourney 的創始人大衛・霍爾茲 (David Holz) 這樣評價：「AI 是水，而非老虎。水固然危險，但你可以學著游泳，可以造舟，可以造堤壩，還能借此發電；水固然危險，卻是文明的驅動力，人類之所以進步，正是因為我們知道如何與水相處並利用好它。水給予更多的是機會。」

　　藝術家是否買單尚且不論，投資人已經開始競相押注。2022 年 10 月 17 日，Stable Diffusion 的母公司 Stability AI 宣佈完成 1.01 億美元融資，成為估值 10 億美金的超級獨角獸。隨後，不到一個月，另一家 AI 繪畫平臺 Jasper.AI 宣佈完成了 1.25 億美元 A 輪融資，估值達 15 億美元，距離產品上線也不過 18 個月的時間。

　　從技術開發到實際應用固然有一定時間差，但值得驚喜的是，至少在圖像生成領域，我們正看到日益成熟的應用場景以及商業化的可能性。

四、AI 影片生成

目前，AI 技術不僅可以生成圖片，也能夠生成序列圖檔，組成一個完整的影片。2022 年 10 月，AI 重置版《幻覺東京》發佈。《幻覺東京》原本是一部記錄日本次文化人物的紀錄片，作者將經過剪輯的短片交給 AI 美術大師，經過 160 小時生成 3 萬張獨立插畫，再進行人工手動微調，連成了一部賽博龐克大幻想。雖然目前還只是在原腳本和影片的基礎上，透過 AI 逐幀完成圖片生成，但這讓我們看到了生成式 AI 參與到影片創作中的可能性。

當然，除了這種連接 AI 生成圖片組成影片的生成方式，也有直接利用文字描述生成影片的方法。2022 年 9 月，Meta 推出的 Make-A-Video 工具就具有根據文本描述生成相應短片的能力。Make-A-Video 推出不久，Google 就推出了主打高解析度生成的 Imagen Video 和主打更長影片內容生成的 Phenaki。Imagen Video 是由 Google 在 2022 年 5 月推出的 AI 繪圖工具 Imagen 進化而來，它繼承了 Imagen 對於文字的準確理解能力，能夠生成 1280×768 解析度、每秒 24 幀的高解析度影片片段。除了解析度高以外，它還能理解並生成不

同藝術風格的作品，比如水彩畫風格、像素畫風格、梵谷風格。同時，它還能理解物體的 3D 結構，在旋轉展示中不會變形。而 Google 推出的另一款 AI 影片生成工具 Phenaki 則可以根據 200 個詞左右的關鍵字生成 2 分鐘以上的影片，講述一個完整的故事，並能根據提示語自由切換風格場景，讓人人都能夠成為導演。

除了剛提到的這些新興的影片生成式 AI 技術，生成式 AI 在影片生成方面的常見傳統應用場景還包括影片屬性編輯、影片自動剪輯及影片部分編輯。

影片屬性編輯包括刪除特定主體、生成特效、追蹤剪輯等，能夠高效節省人力和時間。AI 能夠透過對畫面人物的動態追蹤，自動搜索人物，定位關鍵時間節點，極大提升剪輯效率。此外，AI 還能夠去除影片的鏡頭抖動，修復影片畫質。

影片自動剪輯是對特定片段進行檢測及合成。2020 年中國的全國兩會期間，《人民日報》推出開創性的「5G+AI」模式新聞報導，透過智慧平臺 iMedia、iMonitor、iNews 等可以第一時間對素材進行智慧處理，只需要短短幾分鐘，就能結合語音、人像、文字識別，從海量的影片資料中迅速生成剪輯影片片段，並自動生成字幕。

　　此外，廣義來說，AI 主播也可以看作一種生成式 AI 生成影片的應用，只不過是將生成的音訊內容對應到虛擬人的口型與動作進行綜合剪輯。2020 年 5 月，由新華社與搜狗公司聯合推出的身穿藍白正裝的「新小微」第一次在主播間亮相。「新小微」是全球首位 3D 版 AI 合成主播，能夠像真人一樣走動和轉身，並擺出各種複雜動作與姿態。同時，她還在不斷疊代，比如從「職業微笑」到增加了許多微表情，從單一妝髮到根據播報場景變更妝髮等。

　　事實上，「新小微」並非新華社推出的第一個 AI 主播，在她之前已經誕生了由「新小萌」、「新小浩」等組成的 AI 合成主播家族。其中，中國首個 AI 合成女主播「新小萌」在 2019 年登場時就驚豔了全球媒體圈，被外媒評價為「幾乎可以以假亂真」。

　　除了新華社，中央廣播電視總臺、人民日報社等國家級媒體以及湖南衛視等省市媒體也在積極佈局應用 AI 合成主播，先後推出了央視 AI 主播「AI 王冠」、湖南衛視 AI 主持人「小漾」、安徽衛視 AI 主持人「安小豚」、央視網 AI 小編「小 C」等。與「新小微」一樣，這些 AI 主播在中國的全國兩會、冬季奧運會、冬季殘奧會等重大活動期間被廣泛應

用，大幅度提升了新聞產出與傳播效率。

　　除此之外，像 AI 影片換臉這種影片部分編輯的形式從廣義上來說也屬於生成式 AI 的範疇。2019 年，一款名為 ZAO 的 AI 換臉 APP 席捲各大社交網路，人們樂於把自己的臉替換進經典影視劇如《甄嬛傳》、《權力的遊戲》，並進行分享。雖然 ZAO 後來因為侵犯個人隱私被下架，但類似的 AI 影片換臉 APP 卻層出不窮，這在某種程度上也反映了人們的內容創作熱情以及對於自由表達的欲望，但如何符合法規限制則是 AI 影片換臉 APP 長久發展亟待解決的問題。

第三節　生成式AI幫助元宇宙和Web3.0發展

　　元宇宙與 Web3.0 的未來近在眼前，而生成式 AI 作為全新的內容生產方式無疑能為這些美好的圖景注入新的活力。本節將對生成式 AI 如何幫助元宇宙和 Web3.0 展開諸多暢想與探討。

一、生成式 AI 在元宇宙方向的應用

　　起源於 1992 年科幻小說《雪崩》的「元宇宙」概念，在 2021 年伴隨著「Roblox 的上市」和「Facebook 更名為 Meta」兩大事件掀起了前所未有的科技熱潮。人們迫切希望打造一個與現實世界相平行、高度沉浸化的虛擬世界。這樣一個「世界級」的工程項目，單靠人力創作可能難以做到盡善盡美，而生成式 AI 的介入將可能大大提升元宇宙的構建效率。

1. 虛擬形象

就像《頭號玩家》、《失控玩家》等描繪元宇宙藍圖的科幻電影中表現的一樣，每個人都需要透過自己的虛擬化身進入元宇宙之中。過去，人們想要生成這樣的虛擬化身，大多是依靠系統內置好的幾種模型，透過調整不同的五官、身材、服裝等搭配方式，來生成屬於自己的虛擬化身。從使用者角度來看，這種生成方式不僅十分繁瑣，而且也很難定向生成一些與自己真實形象相關聯的特徵，甚至一不小心還可能和其他人形象重複，難以凸顯個人的獨特性。而從開發者的角度來看，想要生成足夠多的虛擬化身不僅費時費力，而且也難以生成讓大多數使用者滿意的化身形象。

生成式 AI 有助於解決這一問題。例如，Roblox 在 2020 年末就收購了新創公司 Loom.ai，利用 AI 技術解決虛擬化身的生成問題。使用者使用 Loom.ai 的素材，可以直接利用單張圖片生成 3D 寫實風格或卡通風格的虛擬化身形象。不僅如此，Loom.ai 還可以提供精確的臉部動畫生成能力，可以讓虛擬形象生成包括嘟嘴、皺眉等複雜的表情，讓虛擬化身之間進行更加沉浸式的交流。

2. 虛擬物品

　　在元宇宙世界，除了虛擬化身之外，還有許多各式各樣的虛擬物品。不少元宇宙選擇同時利用 PGC 和 UGC 的方式來豐富這些模型，無論是專業機構還是感興趣的個人，都可以借助官方提供的編輯器來創作各種類型的 3D 物品模型，或者在創作好 3D 物品模型後導入元宇宙世界。除了 PGC 和 UGC 外，虛擬物品的生成在未來同樣可以借助生成式 AI 來完成。例如，2022 年 9 月底，Google 就發佈了文本生成 3D 模型的工具 Dream Fusion，而在此之後不久，NVIDIA 也推出了類似的工具 Magic 3D，並將 Dream Fusion 視為直接對手，在生成速度和解析度上都有一定程度的提升。這些由文字生成的模型除了可以透過文本輸入自動渲染 3D 模型，也可以提供額外的提示語對原有的模型進行修改、編輯。而在 2022 年 12 月，OpenAI 也推出了自己的文本生成 3D 模型的工具 Point・E。雖然該模型採用點雲模型 [1] 的生成方式，不能直接生成渲染完畢的 3D 模型，但它的生成速度可以達到 Google Dream Fusion 的數百倍。

---

1 Point Cloud，是在三維空間中的一組數據小點，把每一點透過 3D 掃描連接在一起，就可以呈現物體的外觀。

　　如果未來能將這些模型大規模實施、推廣並應用於元宇宙中，可以大幅提高虛擬物品的生成效率。

3. 虛擬場景

　　對於元宇宙來說，最重要的就是沉浸式的場景體驗。而一個完善的元宇宙場景，可能不僅包括各式各樣的虛擬物品，還包括場景內的背景音樂、與部分物品之間的交互效果等。對於背景音樂，可以利用生成式 AI 進行音訊生成；對於交互效果，也可以利用生成式 AI 進行相關程式碼的生成。除了這種藉由拼接不同類型元素的元宇宙場景生成，整個元宇宙場景中的每個元素，在未來可能都將使用生成式 AI 去構建。例如，Meta 在 2022 年初就公佈了生成式 AI 生成元宇宙場景的概念系統「Builder Bot」，使用者在元宇宙中只要使用語音說出自己想要的環境，周圍的虛擬空間就會自動生成相應的場景。在 Meta AI 公開展示的 Demo 中，使用者說出「帶我們去公園吧」，周圍的環境就變成了公園；當使用者說出「天上來一些雲吧」，天上就會生成許多白雲。如果未來能夠廣泛地使用這種形式的生成式 AI，將大大降低元宇宙場景的創作門檻，元宇宙的場景也能變得更豐富、更多樣。

二、生成式 AI 在 Web3.0 方面的應用

　　這裡的 Web3.0 主要指基於區塊鏈技術所構建的價值網路。在 Web3.0 中，使用者可以借助 NFT（Non-Fungible Token，非同質化代幣）將自己的創作物添加至代幣上鏈，來確認自己對於創作物的創作權益。結合 NFT 的這一特質，生成式 AI 在 Web3.0 方向也可以有諸多有趣的應用。

1. 生成式 AI 製作 NFT

　　目前，許多 NFT 綁定的創作物都是以圖像的形式存在。既然如此，自然也可以用生成式 AI 的方式生成圖像並製作成 NFT，這樣可以幫助 NFT 項目方更快捷地生成全套的 NFT 形象。除了為項目方提供創作工具外，普通人無須任何繪畫基礎也可以參與到圖像類 NFT 的製作中，並透過銷售 NFT 獲得收益。

2. 繪畫風格權利確認

　　對於藝術創作者來說，繪畫風格是藝術創作者的核心資產，但如何對這類資產進行確權和變現是困擾著很多創作者

的問題。對於需要大量原畫的遊戲廠商來說,他們也希望能採購特定創作者的繪畫風格,並高效穩定地生產出大量滿足遊戲場景風格的插畫。而透過「NFT+ 生成式 AI」的方式,就可以落實這種繪畫風格的權利確認。藝術家可以將自己的繪畫風格製作成 NFT 進行交易,而購買了繪畫風格 NFT 的客戶就可以利用生成式 AI 批量生成該風格下的各種類型的插畫,這就是生成式 AI 在繪畫風格權利確認方面的應用。

　　Hiiimeta 就是這樣一個集藝術風格的權利確認、授權和使用為一體的 AI 藝術生態。在 Hiimeta 提供的工具內,使用者可以先上傳指定風格的原型素材,然後 Hiimeta 團隊自主研發的演算法會對整體風格、佈局、紋理等基礎元素,以及感情色彩、哲學思想等進行提煉,生成對應風格的「AI 機器人」。購買了特定風格的 AI 機器人後,使用者就可以生成具有相似風格的虛擬角色、自由插圖、批量頭像等。生成之後,使用者還可以對細節進行微調處理。在保障創作者的版權基礎上,這大幅提升了藝術風格採購者的內容生產力。

3. 結合生成式 AI 的 GameFi

　　GameFi 是一種結合區塊鏈技術的遊戲形式,通常會對遊

戲內的資產 NFT 化，並設計有一定的經濟體系維持遊戲的運轉。在開發 GameFi 遊戲過程中，人物、場景、動畫甚至邏輯程式碼等都可以由生成式 AI 創作，透過這種方式可以大大縮短遊戲的創作週期，也能產生一些意想不到的創新應用。

　　Mirror World 就是將生成式 AI 相關技術應用在 Game Fi 領域的代表性項目。Mirror World 曾在 2021 年 9 月推出過首款可交互 NFT 產品：Mirror NFT，它創新性地讓 GameFi 平臺內的虛擬生命「Mirrors」活了過來。每一個 Mirror NFT 都具備獨一無二的外形特徵以及特定的語言模型，持有者第一次能夠與自己的 NFT 自由地溝通與交流。在交流過程中，所有的對話資料均由 AI 生成，使用者可以借此享受到有趣且無盡的對話體驗。此外，依託於 Y Combinator 孵化的新創公司 rct AI 在遊戲 AI 領域的不斷探索，Mirror World 在完成三款 GameFi 遊戲開發後，根據自身在區塊鏈技術領域的研究，研發出了一整套 Mirror World Smart SDK，致力於幫助更多優質的遊戲類項目在「低程式碼、零門檻」的前提下彙集區塊鏈與 AI 技術。

第二章

生成式 AI 的技術基礎

哪些技術對生成式 AI 的演進有著重大貢獻？

人們總喜歡活在舒適區內，用粗暴的斷言安慰自己，

例如機器永遠無法模仿人類的某些特性。

但我給不了這樣的安慰，

因為我認為無法模仿的人類特性並不存在。

——艾倫・圖靈 (Alan Turing)

　　人工智慧技術歷經了漫長的演進過程，見證了基於規則、機器學習、深度學習、強化學習等領域的興起。目前，人工智慧技術在多模態和跨模態生成領域取得了傲人成績。本章將回顧前生成式 AI 時代各種奠基技術的相關原理，並在不涉及複雜數學理論的基礎上，用通俗易懂的語言對目前推動生成式 AI 進行商業應用的重要技術和理念進行介紹。需要特別說明的是，為了幫助沒有任何技術基礎的讀者理解本章內容，我們在模組拆解和技術詮釋相關內容上可能會犧牲部分嚴謹性，想要完整細緻地瞭解技術脈絡的讀者可以閱讀相關科技文獻。

第一節　前生成式AI時代的技術奠基

一、圖靈測試與人工智慧的誕生

　　1950 年，艾倫·圖靈發表了一篇劃時代的論文《計算機與智能》(*Computing Machinery and Intelligence*)，探討了讓機器具備人類一樣智慧的可能性。論文在開頭就拋出了一個有趣的問題：「機器能思考嗎？」雖然在過去眾多科幻作品中，對此已有諸多不同的解讀，但在一篇嚴肅的科技論文中探討這件事似乎是少見的。在論文裡，圖靈並沒有馬上解答這個問題，而是提出了一種模仿遊戲，想要借助思想實驗的方式，為確定「什麼樣的機器才是具備智慧的」給出具有可操作性的定義方式。接下來我們依照圖靈的設計來模擬這樣的遊戲場景。

　　場景：小明、小紅和小剛三個人決定一起來玩這個模仿遊戲，小剛被關在密閉的屋子裡，只能使用兩臺電腦分別與小紅、小剛進行交流，但他並不知道每臺電腦的背後是誰在

回答他的問題。在遊戲結束時，三個人的勝利目標是不同的。

- 小明：在遊戲結束後，需要根據提問和回答的記錄，猜出每臺電腦背後對應的是小紅還是小剛。
- 小紅：盡可能地幫助小明猜對自己是小紅。
- 小剛：盡可能地干擾小明，讓他以為自己才是小紅。

對於小剛來說，一個很自然的遊戲策略就是在回答時故意模仿小紅，因此這個遊戲被稱為模仿遊戲。現在，我們不妨微調一下這個遊戲，把裡面的人類「小剛」，更換成機器「小鋼」。如果機器小鋼能夠借助預先設定好的程式模仿小紅，並回答小明的問題，似乎也能讓這個遊戲進行下去。而圖靈就在論文中提出，在用機器替換人類的情況下，根據小明這類角色回答錯誤的概率有沒有顯著增加，可以評估這個替換的機器是否具備智慧，這也就是著名的「圖靈測試」（圖2-1）。雖然「圖靈測試」作為一種簡易的思想實驗存在著諸多缺陷，但它第一次讓人們能夠確切地想像出具備智慧的機器是什麼樣子，而不僅僅停留在科幻的虛無中，為後世圍繞人工智慧展開科學實踐指引了方向。

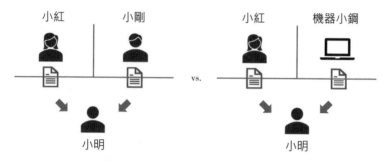

圖 2-1　圖靈測試最初版本示意圖

　　雖然此時圖靈已經從理論角度給出了機器擁有智慧的可能性，但是讓「人工智慧」這個科學領域正式形成的是 1956 年在美國達特茅斯學院舉行的人工智慧夏季研討會。這次會議的組織方包括後來的圖靈獎獲得者馬文・明斯基 (Marvin Lee Minsky) 和約翰・麥卡錫 (John McCarthy)、資訊理論創始人夏農 (Claude Elwood Shannon)、IBM 工程師羅徹斯特 (Rochester)，而其餘參會者也均是後來對人工智慧發展做出過重要貢獻的科學家。在達特茅斯會議上，「人工智慧」的名稱和任務被真正界定下來，因而該會議也被廣泛認為是人工智慧誕生的標誌，開啟了人工智慧領域曲折向上的技術發展之路。

二、符號主義、聯結主義和行為主義

在人工智慧誕生早期，就已經出現了「符號主義」（Symbolicism，又稱為邏輯主義）以及「聯結主義」（Connectionism，又稱為仿生學派）兩種不同的發展流派，並都取得了一系列階段性的成果。

符號主義認為人的智慧來自邏輯推理，世界上所有資訊都可以抽象為各種符號，而人類的認知過程可以看作運用邏輯規則操作這些符號的過程。在這樣的前提假設下，如果電腦能夠自動化地執行和人腦一樣的各種規則，說不定就可以達到完全的智慧化。由艾倫‧紐厄爾 (Allen Newell) 在達特茅斯會議報告的邏輯理論家 (Logic Theorist) 專案就是符號主義早期的代表性成果，這個程式能夠證明《數學原理》第二章 52 個定理中的 38 個，甚至找到了相對於原著更加精巧的證明方式。

而聯結主義則認為，讓機器模擬人類智慧的關鍵不是去想辦法實現跟思考有關的功能，而是應該模仿人腦的結構。聯結主義把智能歸結為人腦中神經元彼此聯結成網路共同處理資訊的結果，希望能夠運用電腦類比出神經網路的工作模

式來打造人工智慧，並在「人工智慧」領域形成前就開始了各種嘗試。1943 年，神經科學家沃倫・麥卡洛克 (Warren McCulloch) 和數學家沃爾特・皮茨 (Walter Pitts) 按照神經元的結構和工作原理搭建了數學模型，奠定了人工神經網路的雛形。1958 年，美國神經學家弗蘭克・羅森布拉特 (Frank Rosenblatt) 發表了模擬人類學習過程的「感知器」演算法，機器利用它就可以自主完成像分類這樣的簡單任務，後續演算法傑出的實踐效果掀起了第一次人工神經網路的熱潮。

可以說，不論是符號主義還是聯結主義，在人工智慧誕生的前十餘年，都取得了一個又一個令人震驚的成果，但好景不長，20 世紀 60 年代末，人工智慧的發展陷入瓶頸，人工智慧的研究者遇到了很多難以克服的難題，其中包括兩個最典型的難題：

• 受限的計算能力：當時電腦有限的記憶體和處理速度不足以支持 AI 演算法的實際應用。

• 認知資訊的匱乏：許多人工智慧領域的應用需要大量認知信息，當時的資料庫條件無法讓程式獲得如此豐富的資訊源。

　　除了這些難題外，新興研究成果針對符號主義和聯結主義的批評也在一定程度上阻礙了人工智慧的發展。對於符號主義，許多哲學家提出了各種各樣的論斷，試圖證明人類的思考過程僅涉及少量的符號處理，大多是直覺性的，運用符號去類比人類智慧是徒勞的嘗試。而對於聯結主義，明斯基指出了感知器的致命缺陷：只能處理線性分類問題，連邏輯互斥或（Exclusive or，簡稱 XOR，又譯為異或）最簡單的非線性分類問題也無法處理，直接宣判了感知器的「死刑」。在整體研究進度受阻和成果難以實施的背景下，各大機構分別削減了對於人工智慧研究的經費支持，人工智慧的發展陷入了寒冬。

　　但這一切只是暫時的，新的機遇也在寒冬中醞釀。符號主義學者在 20 世紀 70 年代充分了解到「知識」對於人工智慧的重要性，不再過分追求當時難以達成的通用人工智慧，而是將視野聚焦在較小的專業領域上，很大程度上緩解了計算能力受限和認知資訊匱乏的問題，也讓人工智慧的程式變得實用起來。學者們試圖利用「知識庫 + 推理機」的結構，建設出可以解決專業領域問題的專家系統（圖 2-2）。在專家系統中，使用者可以透過人機界面向系統提問，推理機會

把使用者輸入的資訊與知識庫中各個規則的條件進行配對，並把符合配對的結論存放到綜合資料庫中，然後呈現給使用者。20 世紀 80 年代，卡內基梅隆大學為 DEC 公司研發的第一個專家系統 XCON 取得了巨大成功，在誕生初期平均每年能為公司節約 4,000 萬美元，這也使得全球各地的公司掀起了建設專家系統的知識革命。

而幾乎在同一時期，聯結主義也迎來了復興。新型的神經網路結構及相關演算法的普及為科學界注入了新的生機，適用於多層感知器的 BP 演算法（誤差反向傳播演算法），解決了非線性情況下的分類學習問題。至此，人工神經網路掀起了第二波發展熱潮。

除了符號主義與聯結主義，一種宣導「感知 + 行動」的行為主義 (Actionism) 流派也得到了較好的發展。行為主義起源於控制論，強調模擬人在控制過程中的智慧行為和動作，雖然它的起源也可以追溯到人工智慧誕生時期，但一直未成為主流。在類比人類智慧方面，如果說符號主義是知其然且知其所以然，聯結主義是知其然但不知其所以然，那麼行為主義就是既不知其然也不知其所以然，因而行為主義在智慧控制與智慧型機器人興起的 21 世紀末才引起人們的廣泛關

注。至此，符號主義、聯結主義和行為主義便成為人工智慧的三大經典流派，共同影響著後來人工智慧的發展。

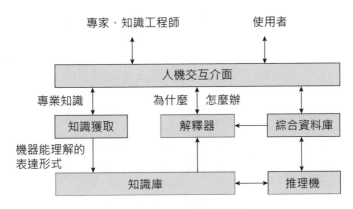

圖 2-2　專家系統結構圖

三、機器學習

1. 機器學習的概念

1950 年，圖靈在他的論文《計算機與智能》中提出了「學習機器」的概念，強調與其透過程式設計模擬成人的大腦，還不如選擇更簡單的兒童大腦，藉由輔以懲罰和獎勵的教學過程，讓機器在學習後具備智慧。此後，「機器學習」逐漸發展成為一個專門的細分研究領域，在人工智慧領域占據了一席之地。

　　根據卡內基梅隆大學電腦學院教授湯姆‧米切爾 (Tom Michell) 的定義，機器學習是指「電腦程式能從經驗 E 中學習，以解決某一任務 T，並透過性能度量 P，能夠測定在解決 T 時機器在學習經驗 E 後的表現提升」。這聽起來似乎有些繞口，下面將藉由人類學習的一個具體例子來解釋。

　　假如老師想讓小明好好學習，在考試中取得好成績，他可能會讓小明做很多練習題，並觀察每次的考試成績以判斷小明學習的效果。如果把這裡的「小明學習」替換成「機器學習」，那麼經驗 E 就是反覆的答題過程，任務 T 就是參加考試，而性能度量 P 就是考試成績。小明在反覆答題訓練、參加考試的過程中，讓成績不斷提升以達到預期的分數水準，當他走上大考考場時就能取得好成績。而機器也是類似的，在經過反覆的訓練並達標後，執行任務時就可以取得比較好的性能，只不過這裡的訓練指的是輸入數據。

　　機器學習模型的訓練過程可以分為以下四步：

- 資料獲取：為機器提供用於學習的數據。
- 特徵工程：提取出數據中的有效特徵，並進行必要的轉換。

- 模型訓練：學習數據，並根據演算法生成模型。
- 評估與應用：將訓練好的模型應用在需要執行的任務上並評估其表現，如果取得了令人滿意的效果就可以投入應用。

根據訓練的方式，機器學習可以簡單劃分為監督學習和無監督學習。監督學習就好比小明每次做完題之後，老師都會對題目進行批改，讓小明知道每道題是否答對。分類就是最經典的監督學習場景，機器先學習具備什麼樣特徵的數據屬於什麼樣的類別，然後當獲取新的數據後，它就可以根據數據特徵將資料劃分到正確的類別。而無監督學習則好比老師把大量題目直接丟給小明，讓小明在題海中自己發現題目規律，當題量足夠大的時候，小明雖然不能完全理解每道題，但也會發現一些知識的固定選項表述方式。聚類是最經典的無監督學習場景，機器獲得數據後並不知道每種特徵的數據分別屬於什麼類別，而是根據數據特徵之間的相似或相異等關系，自動把資料劃分為幾個類別。

2. 感知器與神經網絡

　　前文提到的感知器演算法就是典型的監督學習的案例，它是人工神經網路的基礎。為了方便讀者理解後續與人工神經網路相關的內容，這裡將刨除複雜的數學公式，簡單介紹感知器演算法的工作原理。首先，讓我們想像一個具體的分類任務場景。

　　場景：小明在大學裡選修了一門課程，這門課程並沒有公佈詳細的合格評價標準，只知道平時的兩次作業和一次考試會影響這門課程的通過與否，於是小明希望從前幾屆的學長、學姐那裡搜集他們的作業、考試及最終是否通過的相關資料，來幫助判斷自己這門課程是否能順利通過。在搜集完學長、學姐的資料後，小明決定先假設一個老師的評價標準：

- 第一次作業 ×0.3 + 第二次作業 ×0.3 + 考試 ×0.4= 課程評分。

- 如果課程評分 >=60，則課程及格；否則課程不及格。

　　在寫完假設的評價標準後，小明迫不及待地想把學長、學姐的成績帶入評價標準中，結果發現，按照現在的計算方

式，所有的學長、學姐都不滿 60 分，全都被當了。這也就表示作業和考試的評價係數設置得太小了，小明於是把它們調大了一些，但又發現，包括被當掉的學長、學姐在內的所有人又全都及格了，這表示評價係數又調得太大了，需要調小一點。在反覆調整的過程中，評價標準的公式會找到一組相對合適的係數，將學長、學姐是否被當掉劃分準確，此時，小明就可以輸入自己的成績來看看自己是合格還是被當掉。

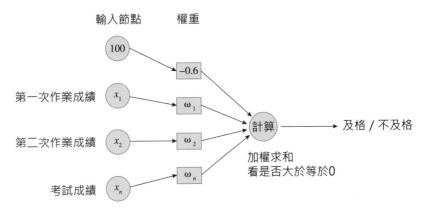

圖 2-3　簡化版感知器結構示意圖

如果我們讓程式來執行上面小明的工作流程，一個簡易的感知器也就形成了（圖 2-3）。兩次作業和考試的成績就是三個輸入節點，好比接收外界刺激資訊的神經元。判斷是否被當掉的輸出節點，也可以看作一個神經元，而

根據分數情況算出合格與否的函數叫作激勵函數 (Activation Function)。輸入和輸出節點之間神經信號的通信由評價標準公式的計算來傳遞,而傳遞信號的強弱就是作業和考試分數所對應係數的大小。透過將傳遞信號的強弱反覆調整到一個合適的值,也就完成了模型的學習,可以用於分類等任務。

　　而我們前面反覆提及的人工神經網路,就可以看作一個多層的感知器。在人工神經網路中,除了和感知器一樣擁有包括輸入節點的輸入層和包括計算出輸出結果的輸出層外,還加入了若干隱藏層。隱藏層中間的神經元節點可以與輸入節點和輸出節點一一相連,每條連接的鏈條上都有各自的權重係數,最終構成了一個網路的結構。

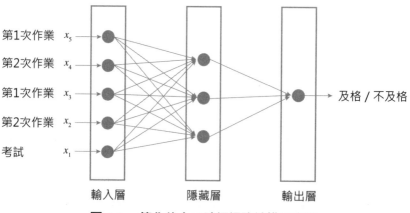

圖 2-4　簡化的人工神經網路結構示意圖

　　那麼，為什麼要加入隱藏層呢？我們不妨考慮一個更加複雜的課程成績預測的例子。老師把課程評價的考查維度劃分為態度得分、能力得分、創新得分，這三個分數會根據前面的兩次作業、一次考試以及兩次報告進行特定的處理得出，而這三個分數經過特定計算後會輸出為課程的結果。那麼，剛剛搭建的結構就不能滿足這種情況了，因為每個特徵可能要在模型中經過中間處理，不過，剛剛說的態度、能力、創新得分的例子只是為了方便理解進行的舉例，實際上這個中間的過程是由隱藏層自行決定節點是什麼樣子的（圖2-4）。

　　除此之外，在網路的結構下，激勵函數也可以被替換成其他形式，以解決更加複雜的問題。與感知器一樣，人工神經網路也需要在訓練資料的過程中反覆調整各神經元連接的權重，以完成模型的學習過程。而調整的依據是對比資料和模型的結果來查看神經網路有沒有失誤。如果在資料上存在誤差，就相當於造成了損失，輸出每個樣本資料損失的函數叫作損失函數 (Loss Function)。而所有的損失綜合在一起的平均情況，會反應在代價函數 (Cost Function) 裡，描述訓練這一個模型產生的錯誤代價。不過，需要注意的是，這裡的代

價並非越小越好。根據前面的例子，我們當然希望能好好利用先前學長、學姐給的經驗資料，避免產生經驗風險；但是，每一屆的課程情況可能有變化，過多地利用過去經驗產生結構複雜的模型，可能無法完全適用於新一屆學生的情況，從而造成無法使用，產生結構風險。所以，調整後的合適標準應該是綜合考慮經驗風險和結構風險的結果。

四、強化學習

1. 強化學習的概念

　　強化學習是機器學習除監督學習與無監督學習之外的又一領域，也可以與深度學習結合進行深度強化學習。區別於監督學習和無監督學習，強化學習並不是加強對資料本身的學習，而是在給定的資料環境下，讓智慧體學習如何選擇一系列行動，來達成長期累計收益最大化的目標。強化學習本質上學習的是一套決策系統而非資料本身。它與監督學習、無監督學習的區別如表 2-1 所示。

表 2-1　監督學習、無監督學習和強化學習對比

對比維度	監督學習	無監督學習	強化學習
學習物件	有標籤資料	無標籤資料	決策系統
學習回饋	直接回饋	無回饋	激勵系統
應用場景	預測結果	尋找隱藏的結構	選擇一系列行動

　　根據前文表述，強化學習聽起來似乎是在玩一場遊戲。環境就是遊戲，智慧體就是玩家，目標就是玩家在這個遊戲中需要達成的核心任務，玩家需要不斷地玩遊戲來學習如何選擇一系列行動並達成遊戲目標。在實際應用中，強化學習確實也廣泛地應用在遊戲領域，無論是棋牌這種簡單遊戲，還是《王者榮耀》、《Dota》、《星際爭霸》等複雜遊戲，都可以對強化學習加以應用。例如，Google 旗下 Deep Mind 公司研發出了圍棋人工智慧 AlphaGo，它的訓練過程就結合了強化學習的技術，它在 2016 年、2017 年分別擊敗了李世乭和柯潔兩位圍棋世界冠軍，名噪一時。

2. 強化學習的構成元素

　　強化學習系統的邏輯如圖 2-5 所示，我們可以用一場《超級瑪莉歐》遊戲來分析圖中的每個元素。

- 智能體 (Agent)：人工智慧操作的瑪莉歐，它是這個遊戲的主要玩家。

- 環境 (Environment)：瑪莉歐的遊戲世界，瑪莉歐在遊戲裡做出的任何選擇都會得到遊戲環境的回饋。

- 狀態 (State)：遊戲環境內所有元素所處的狀態，可能包括瑪莉歐的位置、敵人的位置、障礙物的位置、金幣數、瑪莉歐的變身狀態等，玩家的每次選擇可能都會觀測到狀態的改變。

- 行動 (Action)：瑪莉歐可以做出的選擇，可選的行動可能會隨著狀態的變化而變化，比如在平地的位置上可以選擇左右移動或跳起，遇到右側有障礙物時就無法選擇向右的行動，獲得火之花道具變身後就可以選擇發射火焰球的行動等。

- 獎勵 (Reward)：瑪莉歐在選擇特定的行動後獲得即時的回饋，通常與目標相關聯。如果回饋是負向的，也可以被描述為懲罰。瑪莉歐的遊戲目標是到達終點通關，因而每次通過都可以獲得獎勵分數，而每次失敗都會被扣除獎勵分數。如果目標是獲得儘量多的金幣，獎勵也可以與金幣數量掛鉤，這樣訓練出的瑪莉歐 AI 不會去嘗試通過終點，而是

拼命在關卡裡搜集金幣。

• 目標 (Goal)：在合理設置獎勵後，目標應該可以被表示為最大化獎勵總和，例如瑪莉歐的通關次數最多。

圖 2-5 強化學習構成元素及其關係

　　整個強化學習的過程，是為了學到好的策略，本質上就是學習在某個狀態下應該選擇什麼樣的行動，在剛剛的例子中就相當於瑪莉歐的通關秘笈，輸入瑪莉歐每次的狀態，秘笈會輸出告訴你瑪莉歐應該採取的行動，如此循環往復就能通關。因此，強化學習就是讓人工智慧透過不斷的學習試錯，找到合適的策略去選擇一系列行動，來達成目標。在構建策略時，還有一個需要考慮的關鍵因素叫作價值，它反映的是將來能夠獲得所有獎勵的期望值。例如，瑪莉歐為了達成目標，獲得更多的獎勵，所以應該選擇多進入高價值的狀態，並且在高價值狀態下選擇能夠產生高價值的行動。

3. 強化學習的訓練過程

　　介紹完強化學習的基本概念，下面我們根據這些基本概念來描述一下強化學習演算法的工作過程。

- 觀測環境，獲取環境的狀態並確定可以做出的行動：瑪莉歐目前在一個懸崖邊上，系統讀取了所有元素的狀態，瑪莉歐可以左右移動或者跳起。
- 根據策略準則，選擇行動：策略裡面顯示，這種狀態下左右移動和跳起的價值差不多，在差不多的情況下，瑪莉歐應該向右走。
- 執行行動：瑪莉歐在人工智慧的指揮下向右走。
- 獲得獎勵或懲罰：瑪莉歐掉下了懸崖，遊戲失敗，被扣除一定的獎勵。
- 學習過去的經驗，更新策略：在這個懸崖邊向右走的價值較低，獲得獎勵的概率更低，人工智慧知道後應該傾向於操作瑪莉歐跳起或左走。
- 重複上述過程直到找到一個滿意的最優策略。

　　綜合上述過程，我們可以發現，強化學習其實可以看作

一個從試錯到回饋的過程，透過不斷地試錯，來找到一個合適的策略。不過，每一個行動的回饋其實都是有延遲的，大多數狀態下，瑪莉歐都不會因為跳起或左右移動而輸掉遊戲或贏得遊戲，從而獲得懲罰或獎勵，但這並不代表這個行動就沒有價值，因為未來的勝利或失敗就是一系列行動所導致的，現在的行動會影響未來的獎勵。不過，這也帶來了一個問題：現在看起來價值最高、最優的行動真的就是最終最優的嗎？是否可能只是因為沒有充分地嘗試採取其他行動呢？因而，對於很多強化學習的過程來說，我們通常會在沒有充分嘗試時，選擇積極探索，而充分嘗試之後會選擇傾向於直接利用現有的價值資訊，綜合適應強化學習「試錯」和「延遲回饋」兩大特徵。

　　當然，強化學習不僅可以用於遊戲類人工智慧的訓練，許多生成式 AI 的模型都結合了強化學習的技術，後文將對此展開詳細介紹。

五、深度學習

1. 深度學習的概念

　　經過前面對機器學習的介紹，我們可以知道，特徵的選取和處理對於模型訓練是十分重要的，但在一些場景下，想要直接提取出合適的有效特徵無疑是非常困難的，比如提取圖片和句子的特徵。在這種情況下，機器需要學習的並不是圖片中的顏色數量、圖形大小，或是句子裡的詞語數量等這種淺層次的特徵，而是需要學習深藏在圖片像素之間的複雜關係，或是句子中詞語之間的上下文聯繫。人類無法自行處理這種深層特徵的提取轉換，而是需要由有深度的模型進行自動計算，採用的模型主要是複雜化了的神經網路，也被稱為深度神經網路。而所謂的深度學習，簡單理解就是採用像深度神經網路這樣有深度的層次結構進行機器學習的方法，是機器學習的一個子領域。深度學習與無監督學習、監督學習及強化學習的關係如圖 2-6 所示。

2. 深度神經網路與一般神經網路的區別

　　根據前面的描述，可以得出深度神經網路和一般神經網

路的四點區別：

- 深度神經網路具有更多的神經元。
- 深度神經網路層次更多、連接方式更複雜。
- 深度神經網路需要更龐大的計算能力加以支援。
- 深度神經網路能夠自動提取特徵。

結合這些特點，我們可以將深度學習運用在電腦視覺（Computer Vision，簡稱 CV）、自然語言處理等涉及複雜特徵的領域，後文中各類生成式 AI 模型的主體基本上都是深度學習模型。

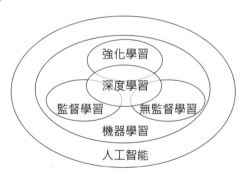

圖 2-6　深度學習與無監督學習、監督學習及強化學習的關係

資料來源：YuxiLi(2018)，"Deep Reinforcement Learning"，doi:10.48550/arXiv.1810.06339

第二節　早期生成式AI的嘗試：GAN

　　GAN（生成對抗網路）誕生於 2014 年，是早期廣泛應用於生成式 AI 的演算法之一，有諸多衍生形式，並至今仍被諸多生成式 AI 軟體所採用。GAN 綜合了深度學習和強化學習的思想，藉由一個生成器和一個判別器的相互對抗，來完成圖像或文字等元素的生成過程。原始的 GAN 並不要求生成器和判別器都是一個深度神經網路，但是在實踐中通常都採用深度神經網路去構建 GAN，下面將對它的構建原理進行介紹。

一、生成器

　　我們可以向生成器輸入包含一串亂數的向量，生成器會根據這一串亂數產生並輸出圖像或句子。向量裡的每一個數位都會與生成的圖像或句子的特徵相關聯。打一個並不嚴謹的比方，假設生成器收到的輸入是「0.1,-0.5,0.2……0.9」，

據此生成了一張小貓的圖片，而第一個數是和小貓的顏色相關的，當你把 0.1 換成 0.2 時，小貓可能就從橘貓變成了白貓。因為亂數是可以隨意構造的，因此我們就可以利用生成器生成各種各樣的新圖片。不過，和一般的神經網路一樣，在生成之前會有提前訓練的過程，我們需要準備一個全是各種各樣小貓圖片的資料集供生成器訓練。

二、判別器

判別器用於評價生成器生成的圖像或句子到底看起來有多麼真實。判別是否真實的方式也很簡單，就是看這個圖像或句子像不像來自生成器訓練用的資料集，因為資料集是最真實的。我們可以向判別器輸入一個生成的圖像或句子，判別器會輸出一個數值（也被稱為得分）。一般來說，我們會使用 0 到 1 的區間來表示得分，如果這個圖像或句子非常像資料集裡的真實資料，得分就會靠近 1；反之，得分就會靠近 0。

三、生成對抗過程

　　以圖像生成的過程為例，生成器就像是一個正在學習畫畫的學生，而判別器就是評價學生畫作的老師。一開始，學生讀一年級，他看了一堆小貓的圖片，然後隨便畫了一隻貓，老師看了看學生畫的貓，說畫得不夠逼真，看不清小貓的兩隻眼睛，這就是最開始的生成器和判別器的交互過程。學生努力練習畫畫，終於畫好了小貓的兩隻眼睛，老師一看說合格了，然後學生升到了二年級，老師也開始依照二年級的評價標準去評價學生的畫作，相當於生成器和判別器的性能都提升了。升到二年級後，學生再拿出原來的小貓畫作肯定就無法令老師滿意了，老師會覺得畫得不夠真實，無法看清小貓的臉部輪廓，於是學生又反覆練習修改，直到令老師滿意，於是學生升到三年級。如此循環往復，學生畫畫的水準會越來越精湛，畫作看起來越來越真實。而老師判別畫作的標準也會越來越嚴苛，督促學生完善畫技，這就是生成器和判別器對抗過程的基本原理（圖 2-7）。而就具體的執行過程來說，可以把 GAN 的訓練過程分為兩個步驟。

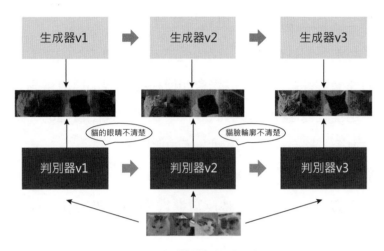

圖 2-7　生成對抗過程示意圖

步驟一：固定生成器，更新判別器。

　　首先，生成器抽取一些包含一系列亂數的向量，輸入生成器之中，生成器會生成一系列圖片。這時，在生成器內部參數不變的情況下，判別器需要從生成器訓練的資料集中抽取一部分圖片，將它們和生成器生成的圖片一起做學習訓練。判別器需要調整內部參數，學習給真實的圖片打高分，給生成器生成的假圖片打低分。就好比如果想要讓老師指導學生，首先需要對老師進行教學技能培訓，讓老師先學會評價標準，才能去教導和考核學生。

步驟二：固定判別器，更新生成器。

　　判別器訓練好之後，保持內部參數不變，生成器需要調整內部參數進行訓練，以學會如何在判別器那裡取得高分。這個過程就像學生反覆考試一樣，在每次找出自己的失誤進行改進後，終有一天會達到老師的標準。

　　步驟一和步驟二交替反覆進行，GAN 最終就可能生成讓人滿意的作品。

四、GAN 的生成式 AI 應用

　　雖然 GAN 的一些變體也可以用於句子這種文本類資訊的生成，但因為對於離散型數據的處理能力較差，生成式 AI 應用最廣泛的場景還是在圖像之中，或是與圖像相關的跨模態生成中。表 2-2 展示了 GAN 的一部分生成式 AI 應用案例。

表 2-2　GAN 的部分常見生成式 AI 應用方式

類別	應用方式	描述
圖像資料集的生成	手寫數位圖片資料集生成	提取手寫數位筆跡特徵，生成新的手寫數位圖像集合
	人臉圖像集生成	提取人臉特徵，生成新的人臉圖像集合
	動物圖像集生成	提取動物特徵，生成新的動物圖像集合
	動漫人物資料集生成	提取動漫人物特徵，生成新的動漫人物圖像集合
圖像聯想創作	臉部正面視圖生成	透過人臉局部或側面的照片可以生成完整的臉部正面視圖
	人體新姿勢生成	透過人體任意的一張照片生成具有全新姿勢的照片
	照片轉 Q 版頭貼	將真實照片轉換成與其類似的 Q 版頭貼
	照片編輯	重建具有特定特徵的臉部照片，例如頭髮顏色和風格、臉部表情甚至性別的變化
	不同年齡臉部圖片生成	生成同一個人不同年齡（從年輕到年老）的臉部照片
	照片融合	將不同元素的照片進行混合，如田野、山脈等大型地理結構相融合
	服裝生成	根據模特穿著服裝的照片直接生成服裝照片
	草圖上色	對服裝飾品的線條草圖進行上色
圖像修復	解析度增強	生成具有更高像素解析度的輸出圖像
	照片填充	填補照片中因某種原因被刪除的區域
多模態與跨模態生成	文本生成圖片	輸入對圖片在顏色、物件、場景等方面的描述，生成完全符合要求並且十分逼真的圖片
	文本生成語音	進行文本向語音的轉換
	3D 物體生成	從多個角度將物體的 2D 圖片生成 3D 模型，如透過椅子的多角度 2D 圖像進行 3D 重建

（續上表）

	影片預測生成	預測影片中後續畫面的內容，如海浪後續的波動、人行進的軌跡等
	遊戲關卡生成	透過使用影片遊戲關卡資料生成新的遊戲關卡

第三節　AI繪畫的推動者：Diffusion模型

一、Diffusion 模型的基本原理

Diffusion 模型是一類應用於細粒度圖像 (fine-grained image) 生成的模型，尤其是在跨模態圖像的生成任務中，已逐漸替代 GAN 成為主流。在 2022 年美國科羅拉多州博覽會藝術比賽中擊敗所有人類畫家、斬獲數字藝術類冠軍的 AI 創作畫作《太空歌劇院》的基礎技術模型就涉及 Diffusion 模型。

傳統的 GAN 雖然已經能運行完成度頗高的圖像相關生成任務，但依然存在以下諸多問題。

- 需要同時訓練生成器和判別器這兩個深度神經網路，訓練難度較大。
- 生成器的核心目標是騙過判別器，因而可能會選擇走捷徑，學到一些並不希望被學到的特徵，模型並不穩定，有

可能會生成奇怪的結果。

● 生成器生成的結果通常具備較差的多樣性，因為具有多樣性的結果不利於騙過判別器。

為了解決這些問題，Diffusion 模型嘗試使用一種更加簡單的方法生成圖像。大家是否記得老式電視機信號不穩時螢幕上閃爍的雪花？這些雪花是隨機、無序、混亂的，因而被稱為雜訊。當電視機信號不穩的時候，螢幕上就會出現這些雜訊點，信號越差就會出現越多的雜訊點，直到最後螢幕完全被雜訊覆蓋，圖 2-8 就展示了這種在圖像上增加雜訊的演變過程。換一個角度思考，既然任何一張圖像都可以在不斷添加雜訊後，變成一張完全隨機的雜訊圖像，那我們能不能將這個過程翻轉，讓神經網路學習這個雜訊擴散的過程之後逆向擴散，把隨機生成的雜訊圖像，逐漸轉化為清晰的生成圖像呢？ Diffusion 模型就是基於這個想法完成的。

圖 2-8   圖片增加雜訊的演變示意圖

二、CLIP 模型與 AI 繪畫

除了前文 GAN 部分提到的影像處理領域之外，Diffusion 模型應用最廣泛的領域就是 AI 繪畫，並且迅速地表現出較大的商業潛力，拓展出大量相關的應用。此外，AI 繪畫的成功還歸功於 CLIP（Contrastive Language-Image Pre-Training，文本和圖像預訓練）模型。

CLIP 模型是 OpenAI 在 2021 年初發佈的用於連結圖像和文本的預訓練神經網路模型。下面我們將對 CLIP 模型進行簡單而形象的介紹。

如果要完成相對優質的 AI 繪畫，需要讓 AI 準確地理解圖片，那麼要解決的主要問題有兩個：理解力差異和資料量不足。在理解力方面，人類和 AI 辨認圖片的方式是不一樣的，人類主要是從整體上對圖片中的形象進行理解，而 AI 則是對圖片上一個個像素的特徵進行辨識。而在資料量方面，需要對大量圖片資料進行標註來訓練 AI，即便在目前有許多分類標註好的開源資料集的情況下，AI 性能的提升還是不盡如人意。

當這兩個問題的解決逐漸走入瓶頸時，研究者開始改變

讓 AI 學會理解圖片的想法。對於人類來說，在嬰兒時期學習辨識圖片並不是逐一辨認每一個像素，而是父母指著圖片告訴孩子：「這是一隻在吃飼料的黑色小貓」，或者「這是一輛在馬路上飛馳的紅色汽車」。於是研究者開始思考，AI 的學習過程是否也能採用類似的方式？這是一個關於文本和圖像連結的問題。如果要完成這個任務，自然也需要大量的資料，但網路上本來就有海量的相關資料，無論是微信朋友圈、微博還是 Twitter 等，本質上都是用一段文字去說明發佈的圖片，很容易就可以獲取大量標註好的圖像及與之連結的文本。如此一來，前面提出的兩個問題也就迎刃而解了。為此，OpenAI 在網路上收集到了 4 億組辨識度夠高的圖像與文本組合，分別將文本和圖像進行編碼，讓 CLIP 模型學會計算文本和圖像之間的關聯程度。在此基礎上，結合 Diffusion 模型對圖像的生成能力，就可以打造一款 AI 繪畫產品了。

例如，Disco Diffusion 就是一個早期結合 CLIP 模型和 Diffusion 模型變體並用以執行 AI 繪畫工作的知名案例。Disco Diffusion 是發佈於 Google Colab 平臺的一款開源 AI 繪畫工具，由 Accomplice 公司開發並在 2021 年 10 月上線。Disco Diffusion 內核採用了 CLIP 引導擴散模型 (CLIP-Guided

Diffusion Model)，而整體應用基於 Google 技術架構構建，需要借助 Google Colab 平臺生成，使用者介面並不友好，而且運行成本高，使用者需要自己租用 Colab Pro 來提模型性能。雖然 Disco Diffusion 具有諸多局限，但作為早期出現的成型開源 AI 繪畫產品，它依然掀起了使用者的運用熱潮。

三、知名 AI 繪畫工具

許多公司在 CLIP 模型和 Diffusion 模型的基礎上開發模型變體的相關應用工具，其中 Stable Diffusion、DALL‧E 2、Midjourney 是最知名的工具，其發佈時間和研發企業如表 2-3 所示。

表 2-3　StableDiffusion、DALL‧E 2、Midjourney 基本資訊表

名稱	發佈時間	研發企業
Stable Diffusion	2022 年 8 月上線	Stability AI
DALL‧E 2	2022 年 4 月更新	OpenAI
Midjourney	2022 年 7 月公測	Midjourney

上述三個知名 AI 繪畫工具都具有各自的特點。Stable Diffusion 對於生成當代藝術圖像具有較強的理解力，善於刻畫圖像的細節，但為了還原這些細節，它在圖像描述上需要進行非常複雜細緻的說明，比較適合生成涉及較多創意細節的複雜圖像，在創作普通圖像時會略顯乏力。DALL・E 2 由其前身 DALL・E 發展而來，其訓練量無比龐大，更適合用於企業所需的圖像生成場景，視覺效果也更接近於真實的照片。而 Midjourney 則使用 Discord 機器人來收發對伺服器的請求，所有的環節基本上都發生在 Discord 上，並以其獨特的藝術風格而聞名，生成的圖像比較具有油畫感，不過這種藝術風格既是優點也是缺點。雖然 Midjourney 在生成畫作時具有顯著的風格優勢，例如前文提到的奪得數位藝術類比賽冠軍的作品《太空歌劇院》就是用 Midjourney 生成，但它很難生成看起來像照片的圖像。接下來我們可以嘗試利用這三種工具為同一個句子生成圖片，以更直接地了解這些工具的效果，完成效果如圖 2-9、圖 2-10、圖 2-11 所示（生成時原句用英文表示）。

Stable Diffusion　　　　DALL・E 2　　　　Midjourney

圖 2-9　使用「下雨天，向日葵盛開於海邊」生成圖片對比

Stable Diffusion　　　　DALL・E 2　　　　Midjourney

圖 2-10　使用「明亮的小巷在夕陽中襯著雪色之美」生成圖片對比

Stable Diffusion　　　　DALL・E 2　　　　Midjourney

圖 2-11　使用「圓形的飛船佇立在沙漠之上，覆著皚皚白雪」
生成圖片對比

　　除了上述三種工具之外，許多大廠也推出了自己的 AI 繪畫工具，例如 Google 的 Imagen、微軟的 NUWA，等等。這些工具大多基於基礎模型來完成，而 Transformer 作為生成式 AI 的重要基礎模型發揮了巨大的作用，我們將在下一節對其進行詳細介紹。

第四節　基礎模型的重要基建：Transformer

一、Seq2Seq 模型

在正式介紹 Transformer 之前，我們先瞭解一種更簡單的模型——Seq2Seq（Sequence-to-Sequence，序列到序列）模型。Seq2Seq 模型最早在 2014 年提出，主要是為了解決機器翻譯的問題。Seq2Seq 模型的結構包括一個編碼器和一個解碼器，編碼器會先對輸入的序列進行處理，然後將處理後的結果發送給解碼器，轉化成我們想要的向量輸出。舉例來說，如果使用 Seq2Seq 模型將中文翻譯成英文，其過程就是輸入一個中文句子，編碼成包含一系列數值的向量發送給解碼器，再用解碼器將向量轉化成對應的英文句子，翻譯也就完成了。除了翻譯外，許多自然語言處理的問題都可以使用 Seq2Seq 模型（雖然使用效果未必最佳），下面是一些實例：

- 聊天問答：輸入一個問題序列，輸出一個回答序列。
- 內容續寫：輸入一個段落序列，輸出後續內容的段落序列。
- 摘要／標題生成：輸入一個文章序列，輸出一個摘要／標題序列。
- 文本轉語音：輸入一個文本序列，輸出一個語音序列。

除了自然語言處理領域，一些如圖像、字幕等電腦視覺領域也有 Seq2Seq 模型的應用，這裡就不再展開講述了。

二、注意力機制

人工智慧領域的注意力機制一開始主要用於圖像標註領域，後續被引入到自然語言處理領域，主要是為了解決機器翻譯的問題。雖然 Seq2Seq 模型可以將一種語言翻譯為另一種語言，但隨著句子長度的增加，翻譯的性能將急速下降，這是因為很難用固定長度的向量去概括長句子裡的所有細節，要做到這一點需要足夠龐大的深度神經網路和漫長的訓練時間。為了解決這個問題，研究者們引入了注意力機制。

在瞭解注意力機制之前，先請各位看一幅畫作《聖母與聖吉凡尼諾》(The Madonna with Saint Giovannino)（圖 2-12 ）。

圖 2-12　畫作《聖母與聖吉凡尼諾》

註：這幅畫由佛羅倫斯畫家多米尼哥·基蘭達奧（Domenico Ghirlandaio）約創作於 15 世紀，現藏於佛羅倫斯舊宮。

看完這幅畫，相信首先映入你眼簾的是聖母瑪利亞以及正在接受祈禱的嬰兒。如果不再次細看這幅畫，你的腦海裡是否對右下角的一頭驢和一頭牛有印象？如果你沒有印象，其實是一種非常正常的現象，因為人的注意力有限，無論是觀看圖像還是閱讀文字，人們都會有選擇性地關注一小部分重點內容，並忽略另一部分不重要的內容。從數學的角度來說，可以將「注意力」理解為一種「權重」，在理解圖片或

文本時，大腦會賦予對於認知有重要意義的內容高權重，賦予不重要的內容低權重，在不同的上下文中專注不同的資訊，這樣可以幫助人們精準理解資訊，同時降低資訊處理的難度，這就是注意力機制。這種機制被應用在人工智慧領域，幫助機器更好地解決影像處理和文本處理方面的一些問題。

那麼，注意力機制在人工智慧領域是如何運作的呢？在回答這個問題之前，請先閱讀圖 2-13 中的一段話。

研表究明
漢字序順並不定一影閱響讀
比如當你看完這句話後
才發這現裡的字全是都亂的

圖 2-13　網路上廣泛流傳的一段話

閱讀完這段話之後，你一定發現，雖然圖片上的字句順序錯亂，但是並沒有干擾你的閱讀，這種現象原理與人工智慧的自注意力機制 (Self-Attention) 非常相近，讓我們用通俗易懂的語言對這套機制進行分析。首先，你的眼睛捕捉到了

第一個字「研」，並且掃過那一行的後續文字「表」、「究」、「明」。然後，大腦在過去學習的認知庫裡去搜尋「研表」、「研究」、「研明」等，發現「研究」兩個字關聯最為緊密，所以就給了它較高的權重進行編碼計算，並按類似的方式完成後續內容的編碼。編碼完畢後，按照權重對內容進行重新組裝，資訊也就組合成了「研究表明」這一常見用法。藉由這種自注意力機制，人工智慧可以完整捕捉文本內在的關係並進行再表示。而除了自注意力機制，另外一種廣泛應用於人工智慧領域的注意力機制叫作多頭注意力機制 (Multi-Head Attention)。多頭注意力機制主要透過多種變換進行加權計算，然後將計算結果綜合起來，增強自注意力機制的效果。這種注意力機制在後文介紹的 Transformer 中會涉及。

三、Transformer 的基本結構

Transformer 與 Seq2Seq 模型類似，也採用了編碼器與解碼器結構，通常會包含多個編碼器和多個解碼器。在編碼器內有兩個模組：一個多頭注意力機制模組和一個前饋神經網路模組，這裡的前饋神經網路是一種最簡單的人工神經網路

形式。以英譯漢機器翻譯為例，編碼器的工作過程大概是這樣的：首先，使用者輸入一個英文句子，編碼器會將這個句子的每個單詞拆解，轉化成向量的形式，並在多頭注意力機制模組中加權計算，最後整個編碼器會輸出一個向量集並輸入解碼器中。在解碼過程中，解碼器首先讀取一個開始標記，然後解碼器會生成並輸出一個向量，這個向量會包含所有可能的輸出漢字，同時，每個數值會有一個得分，這個得分代表著漢字出現的可能性，得分最高的漢字會出現在第一個位置。例如，如果要把「I love you」翻譯成中文，那第一個得分最高的漢字可能就是「我」。接下來，把「我」作為解碼器的新的輸入，接下來得分最高的可能是「愛」，以此類推，直到完全輸出了「我愛你」，再輸出一個結束符號。

解碼器內部的結構也和編碼器類似，最開始包含一個多頭注意力機制模組，最後包含一個前饋神經網路模組。需要注意的是，解碼器中的多頭注意力機制模組使用了遮罩(Mask) 機制，其核心原理是：因為解碼器的生成物是一個個產生的，所以生成時只會參考已經生成的部分，而不允許參考未生成的部分。還是以前面的「我愛你」為例，當翻譯到「愛」時，模型只能參考前面輸入的開始標記和「我」這個

字的資訊，而後面的所有資訊都會被遮蓋住。此外，在兩個模組中間，還有一個多頭注意力機制模組，前述來自編碼器的向量集就會輸入這裡，讓解碼器在解碼過程中能夠充分關注到上下文的資訊。Transformer 的內部結構簡化圖如圖 2-14 所示。

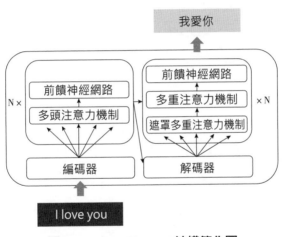

圖 2-14　Transformer 結構簡化圖

四、GPT 系列模型與 ChatGPT

GPT（Generative Pre-trained Transformer，生成型預訓練變換器）是由 OpenAI 研發的大型文本生成類深度學習模型，可以用於對話 AI、機器翻譯、摘要生成、程式碼生成

等複雜的自然語言處理任務。GPT 系列模型使用了不斷堆疊 Transformer 的概念，透過不斷提升訓練語料的規模與品質，以及不斷增加網路參數來完成 GPT 的升級疊代，整個 GPT 系列模型的疊代升級之路如表 2-4 所示。

表 2-4　GPT 系列模型的演進資訊

模型	發佈時間	參數量	預訓練資料量
GPT-1	2018 年 6 月	1.17 億	約 5GB
GPT-2	2019 年 2 月	15 億	40GB
GPT-3	2020 年 5 月	1,750 億	45TB

到了 2022 年，GPT 已經走過三代的歷程，而備受期待的 GPT-4 也預計在不久的將來發佈。GPT-3 之後衍生的應用 InstructGPT 和 ChatGPT 都取得了令人驚異的效果，人們期待 GPT-4 能夠擁有與人腦突觸一樣多的參數，並完美地通過無限制的圖靈測試，而不是像過往一樣利用一些特殊的設定盲點來通過圖靈測試。例如，將 AI 偽裝成外國小孩，在無法準確回答問題時，人類可能會把原因歸咎為這一特殊身分。而在 GPT-4 發佈之前，OpenAI 在 2022 年 11 月 30 日發佈了聊天機器人 ChatGPT。ChatGPT 一經發佈就因為驚人的

效果而瞬間爆紅，它不僅能自然流暢地與人們對話，還能寫詩歌、寫程式、編故事等。

雖然 GPT 模型在如今取得了如此耀眼的成績，但它的技術原理的發展還是經歷不少波折。在 GPT-1 誕生之前，大部分自然語言處理模型如果想要學習大量樣本，基本上都是採用監督學習的方式對模型進行訓練，這不僅要求大量高品質的標註資料，而且因為這類標註資料往往具有領域特性，很難訓練出具有通用性的模型。為了解決這一問題，GPT-1 的核心思維是將無監督學習作用於監督學習模型的預訓練目標，先透過在無標籤的資料上學習一個通用的語言模型，然後再根據問答和常識推理、語義相似度判斷、文本分類、自然語言推理等特定語言處理任務對模型進行微調，來完成大規模通用語言模型的構建，這可以理解成一種半監督學習的形式。此外，GPT-1 在訓練時選用了 Books Corpus 資料集來訓練模型，它包含了大約 7,000 本未出版的書籍文字，這種更長文本的形式可以讓模型學習到更完整的上下文潛在關係。最終，GPT-1 在多數任務中取得了很好的效果，但依然存在很大的問題：一是基於未發表書籍資料訓練具有一定的資料局限性，二是在一些任務上的性能表現還是會出現泛化

性不足的現象，這只能讓 AI 成為某個領域的專家，而無法成為通用的模型。

　　為了增強 GPT 模型的泛化能力，GPT-2 在 GPT-1 的基礎上進行了學習規模的優化。GPT-2 的核心出發點是：在語言模型領域，所有監督學習都可以看作無監督學習的子集。例如，把「小明是 A 省 2022 年高考狀元」丟給演算法做無監督學習，但是它也能學會完成「A 省 2022 年高考狀元是誰？」「小明是 2022 年哪個省的高考狀元？」等需要標註正確答案的監督學習任務。因此，當模型的容量非常大且資料量足夠豐富時，一個無監督學習的語言模型就可以覆蓋所有監督學習的任務。在此前提下，GPT-2 的模型參數達到了 15 億，相較於 GPT-1 增加了近 10 倍，同時，訓練用的資料集改為了 Reddit 上約 800 萬篇讚數高的文章，訓練資料量也增加了約 8 倍。而在後續測試中，GPT-2 的確在許多自然語言處理任務方面表現出了普遍適用且強大的能力，但仍然具有很大的提升空間。GPT-3 基本上沿用了 GPT-2 的結構，但在參數量和訓練資料集上進行了大幅擴充，參數量增加了百倍以上，預訓練資料增加了千倍以上。在這樣誇張的增幅下，GPT-3 也最終實現「大力出奇跡」，在自動問答、語義推斷、

機器翻譯、文章生成等領域展現了前所未有的性能。

　這樣的技術提升無疑相當振奮人心，而每個人都可以透過與 ChatGPT 流暢的對話過程來體驗技術的演進。ChatGPT 是由其前身 InstructGPT 改進而來，InstructGPT 是一個經過微調的新版本 GPT-3，可以儘量避免一些具有攻擊性的、不真實的語言輸出。InstructGPT 的主要優化方式是從人類回饋中進行強化學習。而 ChatGPT 採用了和 InstructGPT 一樣的方法，只是調整了資料收集方式。ChatGPT 完整的訓練過程如圖 2-15 所示。

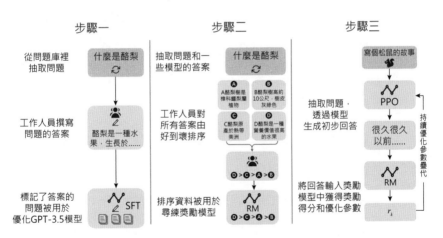

圖 2-15　ChatGPT 的訓練過程示意圖

資料來源：https://openai.com/blog/chatgpt/

註：RM：Reward Model，獎勵模型；SFT：Supervised Fine-Tuning，有監督的微調；PPO：Proximal Policy Optimization，近端策略優化

步驟一：收集示範資料並訓練一個監督學習的策略。

模型會從問題庫裡抽取問題，由工作人員撰寫問題的答案，這些標記了答案的問題會被用於優化 GPT-3.5 模型（GPT-3 的改進版）。

步驟二：收集對比資料並訓練一個獎勵模型。

抽取問題和一些模型的答案，工作人員會對所有答案由好到壞排序，這些排序資料會被用於訓練獎勵模型。

步驟三：使用強化學習演算法優化針對獎勵模型的策略。

抽取問題，透過模型生成初步回答，回答會被輸入獎勵模型中得到評分和優化參數，並在優化後重複優化的過程。

上述訓練方法讓模型更加清晰地理解了人類對話的意圖，並獲得了多輪對話的能力。真格基金的林惠文曾在線上分享中表示，ChatGPT 展現出了不少有趣的提升：

- 敢質疑不正確的前提。
- 主動承認錯誤和無法回答的問題。

- 大幅提升了對使用者意圖的理解。
- 大幅提升了結果的準確性。

這些提升無疑是可喜可賀的，不過 ChatGPT 也並非完美無缺，依然存在很多問題。根據 OpenAI 的官方文件及使用者實際操作經驗，目前 ChatGPT 的局限性包括：

- 有時會寫出看似合理但不正確或荒謬的答案。
- 對輸入措辭的調整或多次嘗試相同的提示很敏感。例如，給出一個問題的措辭，模型可以聲稱不知道答案，但只要稍作改寫，就可以正確回答。
- 回答通常過於冗長並過度使用某些短語。
- 對於模棱兩可的問題，模型通常會猜測使用者的意圖，而非讓使用者澄清問題。
- 模型有時會回應有害的問題或表現出有偏見的行為。
- 在數學和物理等需要進行數位推理的任務中仍然會出現一些錯誤。

不過，這些局限並沒有影響 ChatGPT 的突破性成就，反而讓人們更期待 GPT-4 在未來究竟會帶來什麼樣的驚喜。

五、BERT 模型

BERT（Bidirectional Encoder Representations from Transformers，基於變換器的雙向編碼器表示技術）語言模型由 Google 在 2018 年提出，其核心思維是既然編碼器能夠將語義完整地抽離出來，那直接將編碼器獨立出來也許可以妥善地對語言做出表示。此外，BERT 模型的訓練過程也別出心裁，它設計了兩個有趣的任務：

• 遮罩語言模型：隨機覆蓋 15% 的單詞，讓 BERT 模型猜測掩蓋的內容是什麼，這有利於促進模型對語境的理解。

• 下句預測：輸入成組的句子讓 BERT 模型判定它們是否相連，讓模型更深入瞭解句子之間的聯繫。

　　不過，當執行不同的自然語言處理任務時，訓練好的
BERT 模型需要根據具體的任務類型增加不同的演算法模組
才能執行任務。除了自然語言處理任務，BERT 模型也可以
應用於機器視覺領域。在輸入階段，將圖片分割成一個個小
塊，每個小塊圖片就可以看作一個單詞，這樣就可以像處
理句子一樣去處理圖片了。基於這樣的想法，ViT（Vision
Transformer，視覺變換器）模型因而誕生。除了上面提到的
模型，BERT 模型還發展出了諸多變體，在生成式 AI 領域大
放異彩，奠定了 BERT 模型代表性的地位。

第三章

生成式 AI 的職場應用

生成式 AI 如何幫助企業各部門降低成本、增加效益？

有些人聲稱這種技術是人工智慧，

但實際上它強化的是人類自身。因此我認為，

我們將增強人類的智慧，而非「人工」的智慧。

——吉尼・羅曼提 (Ginni Rometty)

　　創新是一個企業發展的重要動力，企業中各個部門都會涉及大量的創作工作。而生成式 AI 的出現，可以幫助企業不同職位的員工有效提升生產力，最終使整個企業得以降低成本、增加效益。生成式 AI 有著以下具體幫助：

- 自動化處理繁瑣和耗時的任務，減少人力需求，降低成本。
- 產生新的想法和問題的解決方案，如產品設計或行銷策略。
- 快速、準確地分析大量資料，為決策生成有價值的見解。
- 提高任務的效率和準確性，減少出錯的可能性，提高工作效率。
- 開發個性化和客製化的產品和服務，提高客戶滿意度。
- 提高組織的速度和敏捷性，使組織能夠快速回應不斷變化的市場條件和客戶需求。
- 改善組織內部的協作和溝通，使團隊能夠更加高效地一起工作。

　　總體而言，生成式 AI 能透過自動化處理任務、產生新想法、生成有價值的決策建議，有效提升企業各個部門的生產力。本章將從產品研發、市場行銷和管理協作三個角度對生成式 AI 的職場運用進行介紹。

第一節　產品研發

對於大多數網路企業而言，產品研發是整個團隊的成本與創新核心，其疊代的速度也決定了企業對市場的反應靈敏度。目前，生成式 AI 在產品研發方面主要有四種應用方式：

- 透過輔助程式設計提高程式碼生產效率。
- 生成應用直接將需求變成產品。
- 創建和維護程式註解，提高溝通效率。
- 測試程式碼，糾正錯誤。

這些方式可以幫助開發人員更好地專注於產品架構設計、產品功能探索而非一些重複繁瑣的工作。

一、智慧輔助程式設計

2021 年夏天，GitHub 和 OpenAI 聯合研發並發佈了知名

的人工智慧輔助程式設計工具 GitHub Copilot，其命名來自許多科技巨擘研發團隊的「結對程式設計」方法：兩個程式設計師共同完成包括需求分析、程式碼創作和審查測試在內的某項功能的研發，以此提高生產效率和減少程式碼缺陷。整個結對程式設計的過程就像在駕訓班練車，需要一個「駕駛員」去輸入程式碼，還需要一個「觀察員」去審查程式碼。而 GitHub Copilot 可以以人工智慧的身分坐在「副駕駛座」(Copilot) 上指導駕駛員，名字也就由此得來。

　　Github Copilot 在發佈之後立刻受到了大量程式設計師和研發人員的關注和體驗，並得到了極高的評價，被認為可以大幅度提高程式設計生產效率。不過，也有科技媒體表達了對於這種工具的擔憂，主要擔心的是在人工智慧的模型訓練階段可能使用了 Github 開源平臺上的程式碼，是否具有潛在的法律問題還存有爭議。

　　雖然像 Github Copilot 等需要依靠公開程式碼訓練的智慧輔助程式設計工具普遍存在這類問題，但不得不說其生成的模式確實具有變革性。在傳統的程式碼自動編輯器中，程式設計人員可以在編輯的同時看到眾多對於當前程式碼的推薦內容，根據上下文情境選擇一個最佳選項自動完成。這樣

簡單而便利的功能已受到眾多工程師的肯定，並普遍成為幾乎所有主流程式碼開發環境的默認配置。而 GitHub Copilot 則在傳統功能之上達成了大幅度的跨越，它可以使用人工智慧生成整段程式碼，而不僅僅是個別單詞或短語。這意味著它可以為開發人員提供更全面和有用的建議，指導他們如何完成一段程式碼。除了程式碼自動完成這個簡單的工作之外，人工智能在輔助程式設計中還可以發揮遠超想像和預期的作用。

快速創建程式碼模板就是人工智慧可以介入的另一個方向。模板程式碼是一種常見的程式碼類型，在許多不同的應用程式中被反覆使用。它經常被用作新程式碼的起點，允許開發人員快速啟動並運行一個基本框架，然後根據需求進行修改和設計。雖然目前許多快速創建模板程式碼都不是基於人工智慧，而是利用預製好的程式碼範本，但引入人工智慧就可以借助輸入文字描述直接生成更加符合需求化的模板程式碼。

人工智慧的另一大潛在能力是對現有程式碼的優化，它可以透過分析程式碼提出可優化效率的修改建議。例如，在開發人員編寫程式碼時，生成式 AI 模型就可以分析程式碼

並提出修改建議，使其運行更快或使用更少的記憶體。然後，開發人員可以審查來自人工智慧的建議並決定是否執行它們，與手動優化程式碼相比，這樣更能節省時間和精力。事實上，開發者為了優化程式碼性能，往往要在演算法和資料結構上花費至少數百個小時。僅僅是最簡單的數字排序這一項任務，就存在著數十種對計算時間和儲存空間具有不同要求的演算法。這種人工智慧對程式碼的自動優化，可以讓很多經驗較少的開發者寫出高效而優美的程式碼，並能在改進建議中學習成長。

除了優化現有程式碼之外，人工智慧根據不同種類的使用者設備生成新的程式碼也頗具潛力。儘管這個場景目前還沒有出現被廣泛使用的情境，但是對企業而言同樣意味著巨大的生產力提升。例如，許多網路企業在開發一個新的程式時，往往要對同一個情境進行數次開發，由完全不同的團隊輸出完全不同的程式碼，以確保使用者可以在不同設備上使用，光是在移動端需要考慮的環境就包括移動網頁端、安卓、蘋果、小程式等。與手動編寫和遷移程式碼相比，人工智慧的應用可以為開發人員節省大量的時間和精力。

總的來說，生成式 AI 可以幫助開發人員專注於工作中

最重要和最具挑戰性的部分，為他們提供快速生成和優化程式碼的能力，使他們能夠更快、更容易地創建更好的軟體。

二、智能應用程式生成

　　和自動完成程式碼一樣，人們很早就在探索如何用更低成本產出應用程式，近年來被更多人所關注和使用的低程式碼與無程式碼開發工具 Bubble 就是很好的案例。使用 Bubble 意味著人們不需要程式碼，或只要寫很少量的程式碼就可以完成一個應用程式的開發，但是人們仍然需要學習使用圖形化程式設計工具以及使用圖形和流程圖表達他們所希望開發的邏輯和資料流程。

　　而對於具有生成式 AI 能力的應用程式而言，這一過程將會變得更加簡單。你只需要學會用直白的語言描述你所需要的功能，人工智慧就可以幫你完成創作，這樣就節省了學習一個全新的邏輯表達工具和經歷繁瑣開發流程的時間。位於美國矽谷的 Debuild 就是這個新興領域的代表，使用者可以簡單描述產品後根據提示選擇要包含的功能和對應的應用程式場景，軟體就可以自動生成網頁端程式碼。

　　事實上，在透過人工智慧生成應用程式這個場景中，開發者並非唯一的受益人，產品設計師也能借助生成式 AI 工具獲得效率提升。無論是負責視覺設計還是使用者體驗設計的設計師，在決定最終設計之前，通常都需要探索各種各樣的設計可能性，並且根據團隊和市場的回饋進行多次調整和重新設計，這也是一個耗時且繁瑣的過程。而生成式 AI 有可能被用來自動化處理一些這樣的工作，使設計者能夠快速地根據特定的輸入或需求生成大量的設計選項，包括不同的設計元素、佈局、配色方案和其他常用元素。Components.ai 便是這樣一個工具，而且在此基礎之上它還可以幫助設計師生成所對應的前端程式碼，讓設計師更容易與前端工程師進行溝通互動。

三、智能程式註解

　　所謂程式註解，就是為整個程式碼文件的使用準備說明文件，並對每一段程式碼都進行容易理解的功能說明。程式註解對於協作式程式碼開發具有諸多意義：對於企業內部開發人員來說，程式註解可以讓理解和使用現有程式碼變得更

加容易，有利於程式碼的協作疊代；對於開源專案貢獻者來說，程式註解對於他們理解專案如何工作以及可以在哪裡做出最好的貢獻是不可或缺的；對於使用者來說，程式註解可以提供使用教學以及任何潛在的限制或已知問題。

雖然程式註解有助於提高程式碼的清晰度、可理解性和可維護性，但是創建和維護它也需要大量的時間和精力。以 Mintlify 為代表的生成式 AI 工具則可以自動編寫和更新每段程式碼的詳細描述，大大減少說明文件創建和維護的成本。有了生成式 AI 工具，開發人員只需提供必要的輸入資料，如程式碼本身和範例資料等，人工智慧系統就能生成對這段程式碼詳細又準確的描述。如此一來可以為開發人員節省大量的時間和精力，使他們能夠更專注於編寫程式碼。

此外，生成式 AI 工具還可以提高程式註解的品質。傳統的人工撰寫說明文件和註釋的方式存在多種問題，首先是程式註解撰寫不統一。即便公司制定了統一的規範，但在多人協作、多個版本疊代的情況下很難保證所有註釋都符合規範，這就可能會產生不完整或不準確的描述，特別是相對複雜或非由一人完成的程式碼。此外，開發人員意願不高也是造成程式註解品質不高的原因之一。這些開發人員迫於程式

版本要上線的時間壓力，會將精力專注於讓功能可以使用無虞，只要保證自己看得懂程式註解就行。而待版本上線後，開發人員又會投入新的工作中，無暇顧及原有程式註解的更新。這時，如果出現程式模組的交接，新的開發人員在無法清晰理解原有程式碼邏輯的情況下，寫出來的程式註解可能會出現更多問題，這也是為什麼許多大型網路企業會有大量程式碼的歷史遺留問題，有時甚至需要重構系統。網友曾將這種現象戲稱為「程式設計師最討厭的四件事」：

- 為自己的程式寫註解。
- 為自己的程式碼寫註釋。
- 看別人沒有寫清說明文件的程式。
- 看別人沒有寫清註釋的程式碼。

而生成式 AI 工具的出現大大減少了這些問題，它可以生成全面、準確和一致的程式碼描述，為開發人員理解和處理複雜的程式碼和程式提供巨大幫助。此外，生成式 AI 在程式註解上還具有一個特別的優勢，它能夠自動根據程式碼和程式的發展做出調整。隨著 code base 和程式語言的變化，

人工撰寫的程式碼註解可能很快就會過時和變得不準確，但生成式 AI 可以即時自動更新和維護說明文件，確保開發人員始終能夠取得最新和最準確的資訊。

四、智能測試糾正

在產品研發的過程中，程式設計師的大量時間和精力往往並非花費在程式碼創作上，而是花費在程式碼測試和錯誤糾正的過程中。2021 年 5 月，微軟研究員在 NeurIPS 大會上發表了研究成果和最新的機器學習模型 BugLab，探索了如何使用人工智慧完成自動化這一流程。除了 BugLab 外，目前市場上眾多圍繞生成式 AI 進行測試糾正的產品和正在被探索的應用場景，也主要集中在程式碼自動測試和程式碼錯誤自動修復這兩個場景中。

許多大型科技公司通常會配備人數眾多的專業測試團隊，測試工程師通常會編寫測試程式碼用例或手動操作流程用例，用於驗證開發人員寫出的程式碼是否正常運作。但創建這些測試程式碼同創建程式本身的程式碼一樣耗時且容易出錯，特別是對於大型和複雜的 code base 而言。而生成式 AI

可以根據一組規則自動生成大量的測試用例，去檢驗在每種情況下開發人員寫出的程式碼是否都能正確工作，這使得識別程式碼中的潛在問題並予以糾正變得更加容易。例如，為了測試一段數位大小排序的程式碼，開發人員可以編寫一套測試用例，其中包括一組已經排列的數位、一組按反向排列的數位，以及一組按隨機順序排列的數位，然後輸入程式中檢查程式碼是否正常運作。編寫這些測試程式碼或手動操作這些測試用例可能冗長而容易出錯，但是有了生成式 AI 工具，這個過程就可以被自動化，節省大量時間並減少出錯的可能性，從而更容易確保程式碼正常運作。目前，市面上已經出現了以 Tricentis 為代表的眾多 AI 自動測試工具。

對於程式碼錯誤自動修復的場景來說，很多情況下即使程式碼的錯誤可以被發現，定位源頭並且修改錯誤程式碼有時甚至要花費數小時到數日甚至更長的時間，這也是生成式 AI 可以介入並且提供幫助的地方。例如，在 Visual Studio 上就曾有人發佈了一款基於 ChatGPT 的自動測試和糾錯外掛程式，並迅速成為平臺上最熱門的外掛程式之一。它可以像對話一樣幫助開發者指出程式碼中的錯誤，展示正確的程式碼案例並且指導如何修改。

第二節　市場行銷

　　市場行銷對於所有企業都極其重要。市場行銷包括向潛在客戶推銷產品和服務，幫助企業增加銷售額和收入，並且建立強大的品牌和良好的聲譽。在很多行業中，市場行銷甚至是一個企業成敗的最關鍵之處。而生成式 AI 工具也將成為企業在市場行銷過程中必不可少的元素。人工智慧不僅可以幫助行銷人員創建更有效的行銷材料，還能更好地瞭解客戶行為，提供更個性化的銷售體驗，並改善客戶成功和售後服務。這些特性最終都可以提高客戶滿意度和忠誠度，並推動企業銷售額和收入的增長。

一、智能創意行銷

　　使用 AI 生成創意行銷內容並非市場中的新趨勢。事實上，早在 2015 年淘寶「雙十一」促銷活動後，阿里巴巴團隊就在探索基於演算法和大數據，為使用者做大規模的、個

性化的商品推薦，也被稱為「千人千面」，並且開發出了一款叫作「魯班」的產品，這算是廣義上早期生成式 AI 在創意行銷方面的嘗試。魯班在 2017 年就能在一天內製作 4,000 萬張根據商品圖像特徵專門設計的海報，並在 2018 年時就累計產出了超過 10 億次海報。

以魯班為例，使用生成式 AI 創建行銷材料的關鍵優勢之一，是它能夠節省時間和資源。生成式 AI 可以根據一組預先定義的規則和參數自動生成這些材料，無須花費數小時甚至數天時間來創建創意行銷素材。魯班每秒鐘所創作的 8,000 張圖片甚至超過很多設計師整個職業生涯可以創作的內容。這不僅為其他任務騰出了時間和資源，減少了成本支出，還確保了行銷材料的時效性。

以魯班為代表的生成式 AI 創作工具還有另外一個優點：能夠分析大量的資料，從而生成與目標受眾更相關、更吸引人的內容。

生成式 AI 系統可以分析產品目標的興趣、偏好和行為，並利用這些資訊創建符合他們特定需求和興趣的行銷材料。這能夠更有效地推動行銷活動，更有可能引起目標受眾的共鳴，從而達到阿里巴巴在「雙十一」促銷活動時所推崇的「千

人千面」的效果。

　　除了圖片領域，創意行銷文本的撰寫也是生成式 AI 工具的重要應用之一，它可以在給定的主題上生成幾乎無限多的變化文案，這使得行銷人員可以嘗試不同的風格和方法，並快速測試和疊代不同的想法。這還意味著，行銷文案可以針對不同的受眾和管道進行調整，使其更容易吸引不同平臺上的目標受眾。海外行銷工具 Copy.ai 就幫助了大量市場人員創作不同場景下的推廣文字內容。當然，除了上述介紹的兩種創意行銷形式，生成式 AI 還可以生成其他各種模態的營銷材料，例如產品的 3D 模型和廣告影片等。

　　最後，因為市場動向、使用者偏好等資訊都是不斷變化的，使用生成式 AI 工具生成行銷內容的另一大優勢是幫助行銷人員迅速適應不斷變化的消費趨勢和偏好，從而保持領先地位。由於能夠分析大量資料，生成式 AI 能夠快速、有效地識別和回應消費者行為和偏好的變化。這可以使行銷人員迅速調整他們的策略，以應對不斷變化的情況，確保他們的行銷努力始終與最新的消費者趨勢和偏好保持一致。

二、智慧銷售流程

　　除了透過創意行銷的內容獲得更多曝光和客戶流量外，對於許多企業來說，主動的對外銷售也是極為重要的一個環節。不同行業的不同體量企業和不同的產品類型都會有相對不同的銷售流程，但是整體而言，對外銷售大概分為三個部分：線索發現、客戶觸及、客戶轉化。

　　在當今的商業世界中，企業經常花費大量時間在網路上搜尋潛在客戶，並且建立希望接觸聯繫的客戶名單，這個過程就叫作銷售的線索發現。除了手動在網路上搜索之外，企業也常常會透過參加行業大會或者使用網路爬蟲抓取資料的方式獲取潛在客戶名單，但即便如此，他們產生的線索也往往是成本高昂而品質不佳。與之相對比，生成式 AI 工具可以透過分析現有的客戶人口統計資料、購買習慣等，和線上的企業資料庫進行對比，從而快速而低成本地建立一個更適合企業的潛在類似客戶名單。生成式 AI 工具幫助建立潛在客戶名單的另外一種方式是透過使用自然語言處理演算法分析大量的文本資料，如部落格、新聞和社交媒體文章等，以判斷不同客戶對於企業所提供的服務或者產品的需求強度，

從而發現線索。Seamless.ai 便為眾多企業提供了這樣的服務，透過簡單描述客戶的特徵，例如行業、體量、收入規模、地區等資訊，它便可以建立一個銷售名單。

生成式 AI 也可以生成電子郵件和社交媒體資訊，透過智能開發的方式幫助企業進一步提高客戶觸及的效率和效果，極大程度提高了售前銷售團隊的生產效率。正如前文使用生成式 AI 工具創作市場宣傳材料一樣，同樣的工具也可以幫助企業產出郵件內容、微信消息、短訊等，甚至進一步根據每一個客戶的資訊客製不同的內容。在文字的基礎之上，自然語言處理則可以幫助企業建立 AI 智能開發系統，讓人工智慧主動對外撥打電話，聯繫到更多的潛在客戶，大幅度降低企業的成本。總部位於南京的雲蝠智慧 (Telrobot) 便是一個被很多企業使用的 AI 智慧開發系統，幫助企業建立更高效的銷售流程。

生成式 AI 工具還可以透過客製化生成客戶解決方案，以及建立和優化銷售話術等方式提高客戶轉化率，幫助企業提高銷售額。透過學習企業產品或服務內容，以及大量的往期方案，生成式 AI 工具可以處理所輸入的客戶需求及參數等，並客製化生成和客戶最相關且最有可能提高轉化率的解

決方案，更快地回應潛在客戶需求。同時，以 Oliv.ai 為代表的工具可以透過學習大量的企業銷售影片、錄音以及文字稿，分析銷售話術中的優缺點，進而不斷幫助企業優化和完善銷售話術，提高轉化率。

三、智慧客戶服務

企業的銷售工作並不停止在客戶簽約甚至付款的那一刻，下一個同樣重要的階段便是確保客戶可以獲得一如期待的服務和產品，幫助客戶達成購買目標。然而，不論是客戶服務還是客戶成功，企業都需要使用大量的人力在這個階段繼續幫助客戶，否則將會面臨低回頭率、低續約率甚至降低企業的聲譽等問題。

生成式 AI 同樣可以在這個階段進一步幫助企業完善客戶服務。使用生成式 AI 工具進行客戶支援的一個關鍵好處是能夠有效地處理大量的請求和諮詢。傳統的客戶支援方法需要一個客服團隊來回應所有客戶的詢問，不僅如此，對於重量級的大型客戶還需要配備一個客戶經理，這樣無疑極其耗時和昂貴。有了生成式 AI 工具，系統本身就能快速和準

確地答覆客戶的問題。這不僅為企業節省了時間和金錢，而且還透過及時幫助客戶獲得他們需要的答案來改善客戶體驗。此外，使用生成式 AI 提供客戶支援的另一個優勢是能夠為每個客戶提供個性化的回應。與預先寫好的回覆不同，生成式 AI 能夠根據每個客戶的具體需求生成獨特和個性化的回覆，這種水準的個性化服務有助於建立信任和提高客戶滿意度。

除了提供客戶支援，生成式 AI 工具也可以用在協助客戶成功環節，包括提供個性化的產品推薦、提供個性化的支援來幫助客戶達成他們的目標等。例如，生成式 AI 工具在分析客戶使用資料的基礎上，可以找到改善產品體驗的機會，然後，該工具可以生成個性化的電子郵件或應用程式內的消息，並就客戶如何更有效地使用產品提出建議。這不僅有助於改善客戶的體驗，而且還可以增加客戶保留和忠誠的可能性。

很多科技巨頭和創業公司都在這個方向展開了探索。最值得一提的是銷售科技巨頭 Salesforce，其旗下的愛因斯坦 AI 可以自動生成眾多內容並推薦給客戶服務工作人員作為回答話術，它甚至可以提前預測正在諮詢的客戶的需求。

第三節　管理協作

　　組織內部的有效管理和協作可以保證所有團隊成員都站在同一戰線上，朝著相同的目標努力。它還可以促進知識的共用，創造更好的決策和解決問題的方法。

　　此外，有效的溝通和協作有助於營造積極的工作環境，提高員工滿意度，降低離職率和提高留用率。而企業內部缺乏溝通和協作可能會產生許多負面後果，例如誤解和衝突、浪費時間和資源、降低士氣等，甚至還會錯過重要時間點或產出低於標準的工作。

　　在當今快節奏的商業環境中，為了保持競爭力，取得成功，組織必須進行有效的管理、溝通和協作。生成式 AI 有很多可以幫助企業提高管理效率的應用場景，本節將對智慧行政助理、智能內部溝通、智慧團隊協作、智慧人力資源管理四個情境進行重點介紹。

一、智能行政助理

透過自動化處理行政任務，比如安排會議、創建報告、管理電子郵件等，生成式 AI 可以幫助企業節省時間和資源，提高內部流程的效率和準確性。

安排會議是一個聽起來極其簡單但是執行起來十分複雜的工作，尤其是在參加人數較多時，整個流程會變得異常繁瑣。但是，生成式 AI 可以透過分析來自電子郵件和日曆邀請的資料，瞭解不同團隊成員的閒置時間和會議時間偏好，並利用這些資訊自動生成一個會議時間表，透過自然語言和每一個與會成員確認其是否可以到場，以便最大限度地提高出席率和工作效率。2021 年夏天被 Bizzabo 收購的 B 輪創業公司 X.ai 便在開發這樣的產品，它可以讓 AI 成為每一個團隊成員的會議助理。

除了安排會議，生成式 AI 也可以藉由自動創建報告輔助企業進行內部管理。生成式 AI 工具可以分析來自不同來源的資料，比如銷售資料、客戶回饋和財務報告，並自動生成詳細和資訊豐富的報告。這些報告可根據不同利益方的具體需要和偏好進行調整，並可在獲得新資料時即時更新。這

可以幫助企業根據最新的資訊做出更好、更明智的決策，還可以透過自動化報告創建過程來節省時間和資源。

二、智能內部溝通

生成式 AI 藉著自動化郵件回覆、總結會議和文件重點、跨語言和專業自動翻譯等方式，能夠顯著提高企業內部溝通的效率，進而提高協作效率和企業生產力。

人工智慧可以透過學習歷史文件和過往郵件，自動生成針對性的電子郵件以回覆所收到的常見諮詢或請求，並且學會識別和標記潛在重要電子郵件或附件，從而確保重要資訊不被遺漏。在電子郵件管理中，生成式 AI 可以幫助企業簡化流程並提高效率。科技巨頭 Google 就將 AI 輔助回覆功能添加到了其郵件系統 Gmail 當中，幫助使用者提高工作效率。

生成式 AI 協助內部溝通的另一種方式是總結會議和文件中的要點。許多會議和文件包含大量資訊，員工可能很難快速確定最重要的資訊並採取行動。透過生成式 AI，企業可以將總結過程自動化，讓員工快速理解重點資訊。例如，員工如果參加了會議，他們可以提供會議紀錄給人工智慧，由

其生成一個摘要，顯示最重要的資訊。這可以為員工節省大量時間，並確保他們能夠理解重點。

目前，中國使用最廣泛的這類軟體是字節跳動旗下的飛書妙記，它可以自動線上生成會議記錄，透過智慧語音辨識轉化成文字，把會議交流整理為重點摘要，從而讓會議成員更專注、工作效率更高。此外，生成式 AI 與藝術和組織心理學的結合，可以幫助團隊內部加速建立信任、使員工更深度理解企業的願景和價值觀。位於法國巴黎的 Viva la Vida 公司，根據過去 5 年在全球近百家企業和國際組織主導藝術工作坊的經驗，開發出一套由員工價值生命週期的每個節點出發並結合藝術生成式 AI、組織心理學、大數據的 SaaS 系統，旨在透過藝術建立連結，提升員工積極性和心理健康狀態，未來也將涉足消費者市場。

最後，生成式 AI 工具可以透過將資訊翻譯成不同的語言來協助內部交流，因為它可以促進溝通，確保每個人都能達成共識。這一點對於跨國企業來說格外有幫助。例如，如果員工用英語寫一封電子郵件，人工智慧可以自動將其翻譯成收件人的語言，使收件人能夠輕易理解郵件內容。這可以節省員工手動翻譯消息的時間和精力，並有助於改善組織內

部的溝通和協作。事實上,這個功能早就被應用在幾乎所有
主流的即時通訊／協作軟體上。目前,在中國獲得廣泛應用
的典型案例是字節跳動旗下的飛書妙記,其群組訊息和文件
可以支援 113 種來源語言、17 種標的語言的翻譯。

三、智能團隊協作

由於存在不同的知識技能、人員配置、工作習慣等,同
一個公司的不同部門或團隊間的協作效率也可以進一步得到
提升,而生成式 AI 可以被用來改善團隊間協作的現狀。

生成式 AI 工具可以幫助企業整理各種類型的相關檔案。
在企業的各種專案中,常常會有不同格式的文件(Excel 試算
表、PDF 檔案、PowerPoint 等),它們可能被存儲在不同的
平臺上(雲端硬碟、線上文件、電子郵件等)。透過生成式
AI 工具,公司可以訓練一個模型來自動將這些資料組織成相
關的類別,例如按部門、專案或主題分類。這將使員工更容
易找到他們需要的資訊,減少搜索所需的時間和精力,也減
少跨部門協作時獲得資訊的阻力。

此外,生成式 AI 也可以透過創建和維護跨團隊項目協

作計畫來改善團隊協作。生成式 AI 可以自動生成特定專案的專案方案，包括工作流程和任務分配，這在流程複雜、人員數目龐大的專案中特別有幫助，能夠減少專案經理的繁瑣工作。例如，假設一家公司正在開發一種新產品，利用生成式 AI 工具便可以自動生成專案的詳細協作計劃，包括每個團隊或個人要執行的具體任務、每個任務的最後期限以及任務之間的相互關係。這將使員工更容易理解他們的角色和職責，並確保專案保持在正確的軌道上。

位於加利福尼亞州的 Mem 公司便在開發這樣的自我管理協作空間，透過 AI 幫助更多團隊管理檔案、流程和分工，從而提高團隊協作的效率。Mem 公司的產品也整合了大量前文提到的改善團隊內部行政和溝通的功能。

四、智慧人力資源管理

除了前面介紹的這些，生成式 AI 還可以在篩選招聘人才、自動化人事管理流程以及評估員工工作表現等方面提高公司人力資源管理的效率和效果。透過分析大量的資料，包括線上申請材料、簡歷和社交媒體檔案，生成式 AI 演算法

可以快速而準確地識別具有特定職位所需技能和經驗的應徵者。人力資源經理不再需要手工審查和評估每個應徵者，從而節省大量的時間和精力去關注頂尖人才的審核和篩選。

此外，生成式 AI 演算法可以用來自動化處理許多繁瑣和耗時的人力資源任務。例如，生成式 AI 演算法可以用來自動安排面試、發送合約，甚至處理新員工的入職和入職培訓。這有助於簡化人力資源流程，並確保能夠有效率和有效力地完成這些流程。

最後，生成式 AI 工具在績效管理方面也發揮了重要的作用。生成式 AI 工具可以根據每個員工的個人優勢、弱點和目標來生成更具體、更有針對性的績效回饋。這可以幫助員工更瞭解自己的業績，並確定需要改進的領域，從而產生更好的結果，提高參與度和生產力水準。此外，生成式 AI 工具還可以幫助企業完成績效評估過程的自動化，例如安排和追蹤員工評審，使人力資源經理和管理人員能夠專注於更重要的任務。AI 驅動型團隊績效管理工具 Onloop 就是這個領域的典型應用案例。

第四章
生成式 AI 的行業應用

生成式 AI 如何應用在各個行業的工作情境中？

深入每個行業，你會發現人工智慧正在改變工作的性質。

———丹妮拉・魯斯 (Daniela Rus)

深入各個行業前沿，仔細觀察，智能創作時代已非烏托邦式的幻想，而是呼嘯而來的未來。目前，生成式 AI 的身影已經在多個不同領域中活躍，貫穿資訊、影視、電商、教育等多個行業。瞭解這些行業的應用現狀，也就能夠更好地瞭解各個行業的未來。本章將對生成式 AI 在各個不同行業的應用進行詳細介紹。

第一節　資訊行業應用

　　資訊爆炸時代，各類新聞資訊無處不在，不可或缺。同時，這些資訊也具備標準化程度高、需求量大、時效性強等特點，因此是人工智慧施展拳腳的理想舞臺。自 2014 年起，大規模資料檢索處理、結構化文本寫作、摘要生成等多項生成式 AI 相關功能已經開始在新聞資訊行業被運用，因此資訊行業是生成式 AI 商業化相對成熟的領域。同時，人工智慧在該領域也正向全線延伸，伴隨著基礎模型和各細分場景應用的進步，資訊行業將會有更大的變革潛力。

一、輔助資訊搜集，打造扎實內容基礎

　　優質的新聞產出必然建立在全面、高效、準確的資訊收集和整理的基礎之上。在傳統的生產模式中，從業者需要親臨一線，透過觀察、詢問、記錄才能獲得扎實的資訊基礎，而在這個環節 AI 已經能提供強力的幫助。例如，在採訪過

程中，科大訊飛的 AI 語音轉文字工具可以幫助記者即時生成文字稿、自動撰寫摘要、調整風格、精簡文本等，提高工作的整體節奏，保障最終產出的時效性。

　　但 AI 的可能性並不止於幫助人類工作者獲取一手資訊，也可以幫助新聞工作者更精確地檢索二手資訊，收集撰寫新聞報導所需的素材。在以往以傳統方式利用搜尋引擎的過程中，如果想要精確檢索一些特殊話題，需要深思熟慮或反覆嘗試關鍵字的組合，才能透過搜尋引擎找到想要的答案。運用自然語言的長句子描述問題，並不會有助於檢索結果的呈現，反而會讓結果更加偏離問題。如果想要進行更加精確的檢索，則需要學習複雜的檢索表達，這無疑增加了新聞工作者的學習成本。但在高性能的生成式 AI 工具出現之後，人們就可以用日常向好友提問一樣的方式向 ChatGPT 這樣的對話類生成式 AI 工具提問，直接獲得精確的答案，甚至都不需要在檢索出的結果中搜尋，非常方便。雖然生成式 AI 工具對於少量領域的回答可能會出現有限的時效性或一些錯誤的結果，但它在大量領域已經可以直接作為二手資訊搜集的重要工具投入使用。

二、支援資訊生成，達成便捷高效產出

　　在新聞資訊的生產環節，基於自然語言的生成和處理技術，AI 交出的結構化寫作「答案」已經逐步得到從業者和內容消費者的認可，因此已經湧現了一批成熟玩家。在產出數量方面，以美聯社、Yahoo 等媒體的合作夥伴 Automted Insights 公司為例，其撰稿工具 Wordsmith 能夠在 1 秒內產出 2,000 則新聞，單則品質能夠比擬人類記者 30 分鐘內完成的作品。AI 的強悍生產能力使得以低成本覆蓋長尾市場成為可能，更多內容消費者的需求得到滿足，公司的利潤來源也得以拓展。除了驚人的產出速度外，在內容準確度方面 AI 也具有明顯優勢，能夠避免人類工作者粗心導致的拼寫、計算錯誤，在提升稿件品質的同時減輕寫作者的工作量。整體而言，在 AI 內容生成方向上，中國玩家佈局頗多，比如新華社自主研發的寫稿機器人「快筆小新」、騰訊公司開發的 Dream Writter 均已在標準化程度高的場景中大量運用。此外，百度公司也和人民網攜手發佈了「人民網－百度‧文心」基礎模型，或將在未來成為媒體行業的底層基礎設施，增強媒體生產多場景、多環節的能力。

三、協助內容傳遞，與人類工作者攜手升級

　　在資訊內容的傳遞環節，AI 除了協助個性化內容推薦外，也開拓了全新的應用場景，如驅動虛擬主播，以影片或直播的形式傳遞內容，打造沉浸式體驗，比如新華社數位記者「小諍」帶來新鮮的太空資訊，央視網虛擬主播「小 C」擔任記者角色，阿里巴巴冬奧虛擬宣推官「冬冬」暢聊冰雪，百度智能雲 AI 手語主播為聽障朋友帶來貼心服務。熱潮之下，各路玩家紛紛跟進，期待創造更富有科技感、更多樣的資訊消費體驗。在未來，AI 虛擬主播很可能成為媒體的標準配置。

　　AI 在資訊行業的各個環節大顯身手，可能會引人擔憂：媒體工作者是否要被取代了？時而爆出諸如微軟在 2020 年裁撤 27 人的新聞網站編輯團隊並用 AI 替代之類的消息，似乎也表明人們所慮非虛。

　　但事實上，AI 真正的潛力在於增強人類的工作能力，在當前的技術水準下，AI 的應用仍有不少限制。

　　首先，AI 撰寫的文稿仍稍顯呆板單調，形式固定，無法像人類記者一樣根據具體報導的性質和語境調整敘述的策

略，以達到更好的傳播效果。同時，AI 目前仍無法撰寫深度報導，文字缺少溫度和人文關懷等要素。基於這些原因，AI 寫稿最初也是多被用於財經、體育、突發事件等明確直接的主題，跨領域遷移、適配以及產出的能力仍然不足。並且，過度依賴 AI 進行資訊抓取以及撰稿也可能導致信息繭房 [2] 和同溫層效應加劇，甚至帶來倫理失序的問題。

　　因此，人類工作者仍有巨大的發揮空間，而 AI 則將人類工作者從繁雜的重複勞動中解放出來，使他們更好地發揮批判思考能力和創造能力，產出更優質的內容。前美聯社的人工智慧聯合主管弗朗西斯科・馬可尼 (Francesco Marconi) 也在其著作《新聞的新模式》（暫譯）中表示：「人工智慧僅僅是記者的另一樣工具，能讓從業者騰出時間深度思考。」綜上所述，儘管 AI 在新聞資訊行業中已經廣泛應用，但最終並非要「去人工化」，而是 AI 和人類工作者攜手，共同促進「傳統媒體」向「智能媒體」的全面升級。

---

2 information cocoons，意思是，在訊息傳播的過程中，公眾只注意自己選擇的內容和會使自己愉悅的領域，久而久之會讓自己身處像蠶繭一樣的繭房中。

第二節　影視行業應用

　　人們在逐步走向虛擬世界的浪潮中，影視內容的需求正呈現爆發式增長。為了滿足消費者越發刁鑽的口味、挑剔的眼光，影視行業開足馬力擴大產量的同時，也不斷更新製作技術，導致影視行業出現工業化的特徵，正變得空前的精細、複雜。在這個龐大的系統中，「人的局限」逐步凸顯。而 AI 在影視行業的應用，卻能讓影視製作重回「純粹」，讓影視人專注於講好一個故事。

一、協助劇本寫作，釋放無限創意

　　一場暢快淋漓的大雨離不開空氣中凝結水滴的微粒，輔助生成劇本的 AI 就猶如空氣中的微粒，能夠在創作的雲海中播下靈感之雨的種子。結合學習大量優質案例以及受眾洞察，AI 能夠根據影視工作者的要求快速生成不同風格、架構的劇本。AI 在極大地提高影視工作者工作效率的同時，也在

進一步激發他們的創意，幫助他們打磨出更加優質的作品。

　　將 AI 引入劇本創作的嘗試早已有之。在 2016 年的美國，一款由紐約大學研發的 AI 就在學習了幾十部科幻電影劇本的基礎上，成功寫出了電影劇本《陽春》以及一段配樂歌詞。雖然最終成品只有短短 8 分鐘，內容也稍顯稚嫩，但《陽春》在網站上獲得數百萬播放次數足以證明人們對這次先驅試驗的興趣。而在 2020 年 GPT-3 發佈後，查普曼大學的學生也用 GPT-3 創作了一個短劇，劇情在結尾處的突然反轉令人印象深刻，再度引發了廣泛關注。

　　透過這些牛刀小試，人們窺見 AI 在劇本創作領域的潛力，但若要系統性地解放影視創作的生產力，還需要 AI 公司配合具體應用場景，高度地針對性訓練模型，並結合實際業務中的需求來開發特殊功能。在國際上，有些影視工作室已經在使用諸如 Final Write、Logline 等更加直接的工具，而在中國，深耕中文劇本、小說、IP 生成的海馬輕帆公司已經擁有超過百萬使用者。

　　在劇本寫作上，海馬輕帆的 AI 訓練集已經涵蓋了超過 50 萬個劇本，結合行業資深專家的經驗，能夠快速為創作者生成多種風格、題材的內容。而劇本完成後，海馬輕帆也

擁有強大的分析能力，可以從劇情、場次、人設三大方向，共 300 多個維度入手，全面解析和評估作品的品質，並以視覺化的方式呈現，持續更新提供改進劇本的參考。而在劇本寫作之外的作品商業價值測算、角色篩選等相關領域，AI 也能繼續發揮作用，最終能夠全面提升劇本創作能力，讓影視人得以專注地講好故事、發揮創意。自 2019 年開放合作至 2022 年末，海馬輕帆已累積評測劇集 5 萬餘集、電影／網路電影 2 萬餘部、網路小說超過 800 萬部，其中不乏《流浪地球》、《你好，李煥英》等熱門作品。

二、推動創意呈現，破除表達限制

在劇本寫作階段，AI 已經能夠幫助影視人更好地釋放創意，但從劇本上的文字到最終呈現給觀眾的視聽盛宴，仍有一段漫長的旅程，而 AI 卻能在落實這個想法的過程中繼續保駕護航，幫助「好創意」跨越到「好表達」，讓影視工作者化「不可能」為「可能」。

影片具體製作中的第一重「不可能」指的是當前較為粗放、勞動密集型的生產方式難以滿足觀眾對內容品質不斷提

高的要求。2009 年的電影《阿凡達》是全世界特效和 3D 電影的啟蒙，自此之後，觀眾便不斷追求著更加震撼、精細和沉浸式的影視體驗。

　　為滿足市場的需求，特效技術的應用呈井噴之勢，但素材整理標註、渲染、影像處理等環節的工作越發繁雜，造成影視工作者沉重的負擔。例如電影《刺殺小說家》憑藉驚豔的特效獲得大量關注，但相應地，其後期製作、渲染時間和複雜度也呈級數上升。在這樣的背景下，傳統的共同製作流程已經難以為繼，依靠加班、外包等「老方法」堆砌生產力既不經濟，也不現實，生產模式亟待升級。而 AI 技術就具有變革影視行業的潛力。

　　AI 能夠幫助影視工作者從大量重複瑣碎的工作中解放，從而提高效率，專注於創意的表現。例如《刺殺小說家》背後的特效團隊墨境天合，正是借助了雲端渲染和 AI 技術才完成任務。再以動漫製作為例，動漫製作的環節高度數位化，因此為 AI 在生產各個流程提供了充足的賦能空間。動畫電影的設定天馬行空，故事行雲流水，但若想將其搬上螢幕，卻需跨越萬水千山。工作室需要從建模開始，一草一木，一人一馬，打造世界的雛形，再透過骨架綁定和動作設計，讓

模型「活」起來。之後，工作室還需要定分鏡、調燈光、鋪軌道、取鏡頭，把故事講出來。為了呈現美輪美奐的場景、逼真的材質和細節、震撼人心的特效，工作室還需要做大量的演算和渲染工作。

在生產的每一個環節中，動漫工作者都面臨著許多重複性工作和等待，降低了生產的效率，而優酷推出的「妙嘆」工具箱，就能夠憑藉 AI 在上述全流程解放生產力。以動漫的重中之重——渲染為例，過去主流的解決方案是離線渲染，在長時間的渲染完成前無法直接看到結果，以至於動漫工作者不得不常常停下來等待，甚至是完全重做。而妙嘆則能呈現即時渲染，幫助從業者同步把握產出效果，並有針對性地進行修改，節省了大量時間和精力。在建模、剪輯、素材管理等重複性工作較多的環節中，妙嘆則能夠將其整合，利用 AI 達成「一鍵解決」，或者提供預設範本、素材，進一步降低動漫從業者的負擔。

當前，妙嘆等 AI 工具已經被許多中國漫畫工作室採用，包括無間斷連續更新 54 集的《冰火魔廚》，AI 的生產力可見一斑。據《冰火魔廚》製作方表示：「妙嘆是解放創意的工具，有了它，我們便有了更充分的精力和底氣，去思考如

何把故事講好。」

　　透過對整個影視生產流程的提升，AI 為影視行業帶來的影響可能足以比擬 20 世紀好萊塢掀起的影視工業化革命，其本質是透過精細的環節拆分和管理，模組化地產出，達到降低成本增加效率，最終在全新生產方式的加持下，好萊塢電影席捲全球。這樣的變革對工業化模式尚未完全成熟的中國影視行業，尤其是承載萬眾期待卻仍相對稚嫩的中國漫畫行業來說，有著特殊的意義。

　　將想法轉化為影視作品也面臨第二重「不可能」，即想像中的場景難以在現實中呈現和拍攝。當前，影視作品需要的拍攝環境越發豐富、複雜，自然風光、千年古鎮、未來都市，甚至是奇幻大陸、幻想世界，這些場景攜帶著人們的想像自由跨越時空。隨著創意的不斷延伸，以電影文化城為代表的實景搭建、群演拍攝越發難以滿足各類題材影片的製作需求。因此，虛擬影視環境的製作變得更加關鍵，而 AI 在這個環節具有天然的優勢，可以充分提升影視工作者的創造力，並有效控制影片製作的成本。

　　在場景上，AI 輔助生成背景，結合綠幕拍攝的製作模式已經廣泛應用，而在大型場面上，AI 亦有亮眼表現，比如《魔

戒首部曲：魔戒現身》中的萬人戰爭場面，就是由一套虛擬
環境群體模擬系統製作完成。AI 的加持讓影視工作者能夠以
震撼的視覺效果敘述自己的故事，讓自己和人們的想像照進
現實，搬上螢幕。

　　幫助影視製作方和演藝人員挑戰「自然規律」，是 AI
在影視行業中達到的第三重「不可能」。時光無法逆轉，逝
者不可復生，天生的容貌也難以更改，種種客觀條件在一定
程度上制約了影視工作者的發揮。但在 AI 技術的加持下，
影視工作者的創作自由度進一步得到了解放。

　　「返老還童」也許是人類在現實中終難實現的夙願，但
許多影片中的演員卻早早進行了體驗。2008 年的電影《班傑
明的奇幻旅程》講述了一個「逆生長」男人一生的故事：他
出生時便是 80 歲的容貌，隨著歲月流逝卻逐漸變得年輕，
最終以嬰兒的形象離世。片中的男主角之所以能夠以橫貫 80
年時光的多種樣貌出演，就是借助了 AI 臉部生成技術。最
終，出色的技術運用也幫助該片斬獲了 2009 年奧斯卡最佳
視覺效果獎，AI 技術成就了該影片精彩的構想。

　　榮譽留在過去，彰顯著業界對銳意創新的獎賞，而後人
也並未止步於此，而是繼續利用 AI 幫助更多演員在時間的長

河中自由穿梭，不斷拓展其應用場景。比如 Netflix 在 2019
年上映的電影《愛爾蘭人》由三位耄耋之年的影帝領銜出演，
而正是 AI 減齡技術的大量運用，才能讓平均年齡超過 77 歲
的「教父」們以更年輕的形象在片中重聚。該影片背後的團
隊耗費兩年的時間搭建了一款叫作 FaceFinder 的 AI 人臉識別
軟體，透過收集大量主演在 30 歲至 55 歲的容貌資料來達到
最佳的減齡表現，最終的出品效果即便在 4K 解析度下仍顯
得自然生動。此類 AI 技術的應用幫助影視製作者留住了經
典演員超越時間的魅力，也在另一方面延長了演員自身的演
藝生命。

　　值得注意的是，現實中的不老泉無價，而 AI 減齡技術
同樣耗費不菲。電影《愛爾蘭人》在該方面的特效支出就高
達 1.59 億美元。幸運的是，AI 技術也在以令人咋舌的速度飛
速疊代。例如，迪士尼在 2022 年開發出一套名為 FRAN（Face
Re-aging Network）的 AI 系統，專攻臉部年齡重構。據介紹，
FRAN 最快僅需 5 秒就能處理完成一個角色，極大程度地消
除了人工手動調整的負擔。在迪士尼看來，FRAN 是第一個
「實用、全自動、可用於影視製作」的圖像人臉重塑方案。
隨著此類技術的不斷進步，使用成本和門檻將持續降低，可

以預見未來 AI 年齡調整將在影視行業更加廣泛的應用。

　　AI 不僅能讓「時光倒流」，甚至還可讓逝者「復生」，在虛擬的彼岸再度和觀眾見面，甚至互相交流。這一技術在影視領域已經得到了許多應用，其中最知名的案例之一就是《玩命關頭 7》。因男主角保羅・沃克在拍攝中途不幸離世，製作團隊就聯合維塔特效公司從先前未使用的鏡頭中收集保羅的臉部資料，讓他最終得以在電影中「重生」。讓逝者回到螢幕之上，能讓觀眾在悲痛之餘感到一絲慰藉，在一定程度上彌補了生死兩隔的遺憾，而對於逝者本身，可能更是一種致敬和緬懷。正如《玩命關頭 7》的導演溫子仁及其團隊所說：「為了保羅。」

　　更進一步來說，在影視領域之外，這樣的 AI 技術也可能在未來走入普通人的生活，幫助人們找回不幸失去的親人，寄託自己的情感，完成另一種團聚。

　　然而，死者形象復生這一願景的出發點雖然美好，但也不可避免地帶來了倫理相關的挑戰。逝者本人生前是否接受使用技術手段讓形象重活一次？最終呈現出來的形象，以及更關鍵的言行，是否足夠客觀、準確？商家有無權力利用逝者的資訊和形象牟利？人們是否願意接受這般形式的互動？

這樣的生成式 AI 形式還值得人們更多的思考。離世幾十年的明星出演電影，登臺獻唱；已故商業領袖做客播客，對答如流；已經逝去的長輩、伴侶、孩子又重新出現，再度與我們交談……這類嘗試也往往伴隨著爭議和批評，甚至有一位借助 GPT-3「復活」已故伴侶的美國使用者直接被 OpenAI 收回了使用權。可以想見，倫理、風險控管和安全等話題將會持續伴隨人們在該領域的探索。

無論是改變年齡，還是復原逝者，均屬於「AI 換臉」技術的應用，而該技術最廣為人知的應用，當屬替換已經製作好的影片中「塌房」明星的臉。明星「塌房」防不勝防，而由於影片前期投入大，拍攝時間長，且題材一般具有週期性，故出品方很難接受因為「塌房」明星的影響全盤推翻重拍，在這種情況下，AI 換臉就是效率最高、成本最低的一種補救措施。但是，需要瞭解的是，沒有 AI 公司會將給「塌房」明星換臉作為主要業務。因此，如果僅僅將目光停留在該領域，就無法全面理解 AI 在影視行業的革命性潛力。

第三節　電商行業應用

　　隨著網路資訊時代的大爆發，淘寶、京東等巨頭企業進入網路時代，電商作為這個時代的一大受益者，也扮演了重要的角色。2004 到 2013 年，電商行業發展迅速，而隨著自媒體的出現，線上直播、網紅帶貨等模式陸續出現，穩固了電商行業全新的發展格局。在新冠肺炎疫情暴發的幾年間，中國大小企業先後面臨轉型，從原有的靠線下發放廣告和實體門市的經營模式引入線上化和平臺化的經營模式。

　　在數位世界和物理世界快速融合的時代，生成式 AI 正走在內容和科技前端，為行業帶來了深刻的變革。生成式 AI 可以賦能電商行業的多個領域，例如商品 3D 模型、電商廣告應用、虛擬人主播以及虛擬貨場的構建。我們可以利用生成式 AI 結合 AR、VR 等技術，達到視聽等多感官交互的沉浸式體驗。

一、構建 3D 商品，改善使用者購物體驗

　　相較於線下購物，線上購物的一個典型問題就是只能從圖片上獲取商品單一角度的觀察資訊，無法全方位預覽商品全貌。而生成式 AI 相關技術工具的出現有利於解決這一問題，這些工具可以讓商品在不同角度下拍攝的圖像透過視覺演算法生成商品的 3D 模型，提供虛擬產品多方位視覺感知的獨特體驗，大幅壓縮溝通的時間成本，同時改善使用者的購物體驗等，提升使用者轉換率。

　　除了將圖像生成 3D 模型，生成式 AI 相關技術還有一些更加進階的電商應用方式。阿里巴巴的每平每屋設計家就利用 AI 影片建模等生成式 AI 技術，呈現了線上「商品放我家」的模擬展示效果。家居購物的一個痛點在於，使用者非常容易在線上買到看起來好看，但是與整體家居風格並不搭配的商品，從而導致較高的退貨率。而阿里巴巴的每平每屋設計家，將生成式 AI 的功能植入手機淘寶和每平每屋的 App 之中，使用者可以透過拍攝掃描家居環境，以及家裡與商品進行搭配佈局的家俱，讓 AI 生成線上的 3D 模型，並與想要購買的商品 3D 模型進行組合，讓使用者線上預覽整體的組合

效果。生成式 AI 的線上試用功能無疑極大地提升了使用者在電商家居的購物體驗。

　　除了家居領域之外，許多品牌企業也開始探索類似的虛擬試用服務，例如 Uniqlo 虛擬試衣、Adidas 虛擬試鞋、保時捷虛擬試駕等等。然而，無論是商品的全方位預覽還是虛擬產品的試用，都需要創作越來越多和商品相對應的 3D 模型。如果依靠人類去進行 3D 建模，不但成本高昂，而且也跟不上新商品的疊代上架速度。因此，要持續化完成沉浸式的線上購物體驗而非流於單次的行銷活動，就離不開生成式 AI 技術的革新與發展。

二、降低服飾電商拍攝成本、增加效益

　　生成式 AI 可以為企業行銷提供大量的創意素材，而電商廣告是對這些創意行銷素材有海量需求的領域，比如前面介紹過的阿里巴巴研發的 AI 設計師「魯班」就主要應用於這個領域。

　　不過，除了這種通用性的廣告行銷用途外，生成式 AI 在電商服飾領域還有特別的用途。電商服飾領域通常會採用

「小單快返」的模式，即先小批量生產多種樣式的服飾產品投入市場，快速獲取市場銷售回饋，對好的產品快速返單繼續生產，在試出爆款的同時減輕庫存壓力。然而，這種模式最大的問題就是產品展示圖，如果面對上千個服裝單類產品都分別找模特兒、拍照、修圖，無疑會耗費大量的時間和成本。根據相關網路公開資料，不少服飾商家每年在產品模特兒展示圖上耗費的成本可達 20 萬到 100 萬元，並且每次拍攝基本需要 2、3 週才能拿到成品。成立於 2020 年的 ZMO 公司就運用了生成式 AI 技術來解決這個問題，它在 2022 年 5 月獲得了 800 萬美元的 A 輪融資，由高瓴資本領投，GGV 紀源資本和金沙江創投跟投。商家只需要在 ZMO 平臺上傳產品圖和模特兒照片，就可以得到模特兒身穿產品的展示圖。除了剛剛提到的「小單快返」的市場策略，生成式 AI 還可以讓更多與電商服飾有關的市場策略低成本地實現。比如，如果服裝商家想在同一款服飾上測試不同的花紋，無須分別製作樣品、拍攝、修圖再進行投放，只需要用 AI 生成並處理成不同花紋樣式後，直接由市場部門上架店鋪預覽，根據使用者的瀏覽數據或者相關市場投票活動，決定最有潛力的爆款樣式。

　　如果商家沒有專業的模特兒資源，一些 AI 平臺也可以提供虛擬模特兒。阿里巴巴研發的 AI 模特兒平臺塔璣就是這樣的產品，商家可以在上面生成成千上萬種五官組合的虛擬模特兒，上傳手機拍攝的衣服平鋪圖或服裝設計向量圖後，就可以生成模特兒身穿產品的廣告圖。更有意思的是，商家可以根據不同的服裝風格，對模特兒外觀進行訂製，例如甜美風服裝風格的商家可以選擇有劉海、藍色眼瞳的模特兒，以此來凸顯服裝的靚麗設計。

三、活化虛擬主播，提升直播帶貨效能

　　隨著元宇宙概念的推廣與發展，虛擬主播開始成為許多電商直播間的選擇。相較於真人直播，虛擬主播不僅能為使用者帶來新奇的體驗，而且可以突破時間和空間的限制，24 小時無間斷直播帶貨。2022 年 2 月 28 日，京東美妝超級品類日活動開啟時，虛擬主播「小美」就出現在蘭蔻、歐萊雅、歐蕾、契爾氏等超過 20 個美妝大牌直播間，開啟直播首秀。虛擬主播不僅五官形象由人工智慧合成，嘴型也可以利用人工智慧精確地配合產品的介紹臺詞，動作靈活、流暢。在直

播過程中，虛擬主播的每幀畫面都由人工智能生成，手持商品的展現形式，配以真人語調的產品講解、類比試用，具有極佳的真實感，可以為使用者提供與真人無異的體驗。

這類結合人工智慧技術的虛擬主播不僅在使用者體驗方面與真人無異，而且還可以節約 30% ～ 50% 以上的成本。根據研究數據，在中國一線城市雇用一名優秀主播的月薪大約是人民幣 1 萬元左右，加上直播場地費，每年差不多需要 15 萬元左右的成本，如果再加上硬體設備成本，成本可能達 20 萬元，這對商家來說無疑是一大筆開支。而如果採用 AI 虛擬角色去經營直播間，不但可以自由更換妝髮、服裝和場景，時刻給使用者全新的觀感，還能最大化地節約成本。

不過目前看來，大多數 AI 虛擬角色的作用依然是與真人形成互補，讓真人獲得休息時間，在真人休息的時候幫真人直播，或者為原先沒有電商直播能力的商家提供直播服務，還遠不能代替真人。但伴隨著生成式 AI 技術的發展，AI 虛擬人物將獲得更強的交互能力，可以更加自然地和直播間的觀眾互動，並結合直播間的評論情況做出更真實的即時回饋，這時的虛擬人物也許就可以在很多場域下代替真人進行工作，電商直播也會迎來一個全新的智慧時代。

第四節　教育行業應用

　　伴隨著技術的爆炸式發展，教育這一古老的行業也迎來了顛覆性的未來。然而，相較於在其他行業的全面滲透、多點開花，AI 在教育行業的實際應用似乎也落後半步。賈伯斯曾經發問：「為何 IT 技術幾乎改變了所有行業，卻在教育方面建樹不多？」這個問題放到現在的 AI 領域，似乎也並不過時。

　　事實上，這是由教育行業本身的性質所致。教育行業的參與者眾多，時間跨度大，個體的差異性也極大，這種種要素羅織成了一張張複雜的多維網路，讓擅長解決邊界清晰、定義明確問題的 AI 一度迷失方向。同時，教育行業十分強調人與人的互動和連結，並沒有統一的理論模型，這都為 AI 的開發、訓練和最終實行增加了難度。

　　然而，卻沒有人小覷 AI 為教育行業帶來的革命性潛力。俞敏洪曾坦言，AI 是新東方最大的競爭對手，於是他開始積極思考人工智慧時代的教育。中國政府也在《新一代人工智

慧發展規劃》中明確提出，要利用智慧技術加快推動人才培養模式、教學方法改革，構建包含智慧學習、互動式學習的新型教育體系。教育行業和科技行業正攜手擁抱「AI+ 教育」的明天，希冀透過技術推動行業的進步，甚至重塑知識的生產和傳承方式。在本節中，我們將從「學習者」和「教育者」這兩個教育行業最基礎的角度出發，來瞭解 AI 在教育行業應用的當下和未來。

一、攜手學習者，從「有限」走向「無限」

自降生起，人類就開始透過各種方法從零開始建立對世界的認知：從手指觸摸、嘴唇吸吮、牙牙學語，到坐入教室、高聲朗讀、振筆疾書；從聲音、書籍，到影視乃至實地體驗，人類的每一次探索、理解、記憶，都是在更進一步拓展自身認知的邊界，也是學習這一行為的本質。然而，受制於多種客觀要素，每個人的探索之旅總是障礙重重，而 AI 對於學習者的意義，便是幫助他們盡可能地解除學習過程中的種種桎梏，最終幫助他們從自身的「有限」盡可能擁抱世界的「無限」。

　　第一，學習資源本身是「有限」的，不同的學習者對包括課程軟體、講解在內的學習資源有著不同的需求。比如，偏理科的初中生需要提升學力測驗作文水準的教材，剛選擇科系的大學生需要對應學科的細緻入門課程，正在準備金融行業面試的求職者需要相關專業技能的培訓，無論人們希望深入當前領域，還是接觸新的方向，是否能得到合適的學習資料就是遇到的第一關。

　　網路時代的慕課[3]模式曾將部分內容數位化並公開發放，幫助資源的流通。而在圖像／語音辨識和自然語言處理等技術走向成熟的今天，由 AI 輔助甚至主導的學習資料整理、製作將會極大降低成本、提高效率，將資源的豐富度和易得性提高到新的層次。AI 在學習資源生成領域的應用也使得覆蓋長尾成為可能，生成式 AI 技術在一些特殊的領域可以輔助生成優質的教學內容，例如兒童繪本等，加速該領域知識的生產效率並讓它更快地進入共用網路，最終被最需要它的學習者所捕獲，豐富他們的學習資源。

　　當有限的學習資源得以補充，並流淌到社會的每個末

---

3 大規模開放線上課堂（課程），又稱慕課 (Massive Open Online Course/MOOC)，是一種針對於大眾人群的線上課堂，人們可以透過網路來學習線上課堂。

梢，將極大地促進教育平等。鄉村地區的孩子也能夠獲得本來局限於部分學校的優質課程資源，而聽障、視障人士的學習也能夠被插上翅膀。自 2016 年起，北京聯合大學特殊教育學院就引入了 AI 系統，透過手語、口型、文字講義的配合，幫助聽障人士高效學習。在海拔 3,000 多公尺的拉薩，盲人學生也能在「AI 圖書館」透過百度的智慧設備播放各類讀物，將自己與更廣大的世界相連。AI 促進了教育資源的生產和分發，正在彌合教育不平等的鴻溝。

第二，學習者對自身學習情況和學習策略的認知是「有限」的。德爾斐神廟的門廊上鐫刻著蘇格拉底的箴言：「認識你自己。」認識自己是追尋智慧的目的，而清楚地瞭解自己在學習過程中所處的位置，確立下一步前進的方向，也是學習開展的必要條件。智慧學習平臺能夠充分收集學習者在學習過程中的各類資料，並根據其行為模式、各知識點掌握程度為學習者提供精準的畫像，幫助學習者瞭解學習狀態和挑戰，並根據畫像為學習者自動生成後續的個性化學習計畫，以提高學習效率。

AI 幫助學習者「瞭解自己」的價值也絕不僅僅體現在過程中，在學習開始前，學習者就可以透過 AI 生成的自身分

析報告來選擇最合適的學習方向，如科大訊飛和北京師範大學合作，推出「學科潛能和專業興趣雙核測評」，致力於幫助學生瞭解其在某個具體方向上的思維能力、興趣、水準，並協助學生匹配到合適的院校、專業，從而對學生的長期成長有所幫助。

第三，隨著學習媒介逐漸數位化，學習行為本身也逐漸變得靈活甚至碎片化，然而，來自教育者的指導和回饋卻在多數情況下顯得越發「有限」，可能上班族只有在地鐵上通勤時才能學習英語，而小學生只有在放學回家後才有時間完成練習寫作。這些配合學習者自身要求的學習行為正不斷發生著，期間遭遇的問題和完成的產出也可能不斷累積，但由於時間、場地、人力的限制，學習者很難及時在傳統的人類教師那裡獲得回饋，而回饋卻是學習者真正取得進步的核心環節。

相較之下，廣泛部署在各類智慧學習軟硬體中，以及由生成式 AI 驅動的文本解答、指導和評測，具有易得、全天候回應以及高度個性化的優勢。在「AI 教師」的時刻回饋下，學習者得以不斷形成習得－評測－回饋的循環，有效提升學習效果。微軟就在該方向佈局頗多，例如，微軟亞洲研

究院和華東師範大學合作研發的中文寫作智慧輔導系統「小花獅」，能夠借助自然語言處理等技術，即時為學生作文結果評分，並能夠分析其背後原因，從而幫助學生找到屬於自己的發力點，獲得進步。

同時，微軟亞洲研究院也向培生的《新朗文小學英語》提供了多項人工智慧技術支援。培生能夠借助微軟 Azure 認知服務中的「文本轉語音」技術即時糾正學習者的英語發音，指點語言技巧，並能夠生成英語相關多維度的能力測評。在大量轉向線上授課的時期，由 AI 賦能的《新朗文小學英語》快速彌補了線下真人教師的空缺，讓孩子們得以持續學習英語，與此同時，AI 帶來的低成本優勢，讓家長們節省了不少教育開支。

第四，在學習的場域上，「有限」的物理空間正向「無限」的虛擬空間演進，以打造更加具有沉浸感、體驗感的學習環境，充分啟發學習者的興趣，增進深度學習。由 AI 驅動的虛擬人能以具現化的形式在 VR、AR 的世界中和學習者進行交互，並借助多種輔助工具展開教學。比如願景唯新實驗室就打造了一個虛擬模擬試驗平臺，讓學習者隨時隨地、身臨其境般地展開實踐學習，從而打破物理世界的限制，並

透過「親眼所見」、「親手所為」的方式強化學習效果，提升學習樂趣。

而在特定學科中，利用 AI 還可打造出與專業高度匹配的虛擬場景，便捷地為學習者創造難得的體驗環境，比如西安科技大學打造的沉浸式礦山類比系統，以及利用 AI 分析衛星資料生成的虛擬考古環境。虛擬 AI 教師、學伴與虛擬空間有著良好的結合能力，在人類生活向虛擬世界遷移的大潮中，必將扮演越發重要的角色。

二、減輕教育者負擔、提升效益

從學習資源到學習過程中的自我認識、教師回饋，再到學習開展的場域，AI 將逐步破除這些環節的「有限」，幫助學習者擺脫自身的局限，走上通往「無限」之路。而教育者則是這條道路上不可或缺的引路人。對於教育者來說，AI 如同他們手上的火把，扮演著輔助的角色。

首先，AI 能夠幫助教育者減輕日常重複繁瑣的勞動負擔，節省教育者的精力來進行更富有創造力和挑戰性的工作，比如進一步促進人和人的關係。相較於不斷增長的學習

需求，教育者的數量不足將會是長期持續的矛盾，最直接的結果就是「大班制」。在這種情況下，教師不得不一人滿足幾十位學習者的不同需求，奔波在瑣碎的解惑、備課以及大量的作業批改中，而生成式 AI 相關技術的出現，就能夠有效解決這一問題。

當下，作業／考卷自動批閱等技術已經獲得了廣泛的應用，人工智慧不但可以判斷學生題目的正確性，還能生成針對性的評語。根據認知智慧全國重點實驗室的統計，在人工智慧的幫助下，教師備課工作的效率大幅上升，而作業批改的負擔則顯著下降，文科教師的作業批改用時甚至可以縮短 50%～70%，教師得以從低附加價值的工作中抽身，轉而關注學生的個性化發展。

除了幫助教育者完成重複性工作，AI 還可以延伸教育者的感知，充當他們的眼睛、耳朵，更加全方位地關注學習者的情況。比如基於電腦視覺技術，AI 能夠即時、全面地分析學生的臉部表情等資訊，並生成展現學生當前情緒、學習狀態等的分析報告，這將幫助教育者深度瞭解當前教學的開展情況、接收品質，並及時做出針對性調整，提升教學效果，最終增進「教、學、評、管、研」的教育各環節。

　　透過對學習者以及教育者的效能提升，生成式 AI 最終可能幫助人類實現教育的終極理想：因材施教，即大規模開展高度個性化的教育，讓每個人都以最適合自己的節奏，在最合適的方向上進行自由發展，充分發揮自身的潛力，這也是經過多年發展的自我調整教育的終極形態。儘管人工智慧在教育行業的應用還面臨著加劇信息繭房的風險，以及對傳統教育倫理的挑戰，甚至將人「機器化」的憂慮，

　　但更多的人相信，借助人工智慧，人類將打造更好的「以人為中心的」的教育，實現所有人終身、全面的發展。

第五節　金融行業應用

　　金融行業本來就是關乎資料與資訊處理的行業，行業中的各類公司都需要從紛繁複雜的市場上搜集各類資訊，並利用這些資訊創造出各種各樣的財富。這樣的業務需求特點讓金融行業的資訊化一直走在其他行業前面，具備資料品質好、資料面向廣和資料場景多等諸多特點，讓它成為傳統 AI 技術最早實行的商業場景之一。在金融行業中，最常見的應用人工智慧場景是透過 AI 模式識別和機器學習的方式捕捉市場的即時變化，並利用大量的即時資料進行分析，以此提高金融公司的財務分析效率和能力。而隨著生成式 AI 技術的快速發展，不少金融公司也已經注意到了這方面的潛力，並正在積極嘗試，將最新的生成 AI 技術整合到公司的日常工作流程當中，提升公司其他方面的工作效率。

　　生成式 AI 在金融行業的應用主要聚焦於智慧客服與智慧顧問服務兩個方面。在智慧客服方面，客戶可以透過自然語言處理技術，使用語音或文本與 AI 系統進行互動，輕鬆

獲取有關金融產品和服務的資訊，並進行相應的操作。在某些領域，AI 系統已經完全可以代替金融人工客服。透過讓人工智慧系統學習金融知識庫，包括金融機構的產品、服務、政策和程式等資訊及一般回答話術，人工智慧就能結合客戶的問題，生成符合場景的回答，解答使用者的問題，並協助客戶處理如帳戶設置、風險評估、理財簽約及購買理財產品等一系列常見業務，使用者無須再耗費大量時間在櫃檯排隊等待人工服務。傳統人工客服不可能 7×24 小時全年無休地工作，人工客服受個人情緒、壓力和周邊環境的影響，在服務過程中難免出現情緒化或者「違規」操作，這在金融高風險領域是很嚴重的問題。而生成式 AI 智慧客服的可控、穩定服務解決了這些問題。

此外，AI 系統也能夠快速高效地完成一部分當前人工客服難以完成的工作。例如，AI 系統可以記住客戶的喜好，側寫多角度客戶畫像，構建預測式服務體系，進一步提升客戶服務體驗。AI 系統透過對客戶標籤、交易屬性等多類資料進行分析和研究，借助演算法建模等金融科技手段，主動迎合廣大金融消費者的需求，對目標客群開展不同層次、不同手段的服務接觸，提供「千人千面」專屬個人化顧問服務。

目前，生成式 AI 技術已經取代了金融行業的大量客戶服務人員和客戶經理。例如在 2017 年 4 月，富國銀行就開始試用一款基於 Facebook Messenger 平臺的智慧客服項目。在該專案中，人工智慧可以代替客服與客戶交流，為客戶提供帳戶資訊查詢、重置密碼等基礎服務。而美國銀行也推出過類似的智慧虛擬助手 Erica，客戶可以使用語音和文字等方式與 Erica 互動，而 Erica 則可以根據客戶的相關指令幫助客戶查詢信用評分、查看消費習慣等，更厲害的是，Erica 還具有智慧顧問的能力，可以根據客戶銀行流水收支變化為客戶提供還款建議、理財指導等。此外，蘇格蘭皇家銀行也有類似服務，其推出的「LUVO」虛擬對話機器人可以為客戶獲取最適合的房屋貸款等，旨在成為客戶「可信任的金融諮詢師」。中國金融業的智慧客服和智慧顧問的相關產業也已發展成熟，無論是各類銀行、基金公司，還是聚焦金融業務的網路公司，都推出過自己的智慧客服和智慧顧問機器人業務，將生成式 AI 的相關技術應用於客戶服務和投顧諮詢。例如，中國工商銀行在 2022 半年報中披露，「工小智」智慧服務入口拓展至 106 個，智慧呼入呼出業務量 3.1 億次。上半年，該行客戶滿意度為 93.9%，客戶電話一次問題解決

率達 93.3%。中國郵政儲蓄銀行披露的 2022 半年度業績報告顯示，該行信用卡客服熱線以數位化轉型為目標，升級疊代智慧客戶服務，積極拓展智慧化服務場景，智慧客服占比提升至 79% 以上，智慧識別準確率達到 94.77%。這些都反映了生成式 AI 相關技術應用於金融業的巨大潛能。

第六節　醫療行業應用

　　生成式 AI 技術的發展和推廣，無論是對醫生還是對患者而言，都是一種福音。AI 預問診就是一個最典型的應用場景。在醫生問診較為繁忙的時間段，人工智慧可以進行預問診，與患者進行語音或文字的互動，模仿醫生的問診思考模式，收集患者既往病史、過敏史、用藥史、手術史等重要資訊，並與患者進行自然的語言互動。而等到患者開始診療時，人工智慧會根據預先收集的資訊生成診療報告，使醫生可以更快地處理患者的病症。透過這樣的模式，不僅釋放了醫生的時間，而且患者也得到了更好的服務，醫院也可以合理的分流和管理患者在候診間排隊的現象，可謂是一舉三得。2021 年，復旦大學附屬眼耳鼻喉科醫院與騰訊醫療健康簽署了戰略合作協定，將全面打造數位化醫院的全新模式與標準，深度推動醫院數位化轉型，並已開始快速推行「智慧預問診」等業務。

　　除了 AI 預問診之外，患者在用藥諮詢、用藥提醒等方

面也可以得到人工智慧的幫助。比如現在，隨著慢性病患者的人數增加，藥物的整合應用已經成為常態。在實際場景中，雖然醫師會給予患者如何用藥的醫囑，但患者在實際用藥過程當中可能會出現用藥時間錯誤、忘記服藥、過早停藥、服藥劑量錯誤、隨意換藥等問題，最終導致治療失敗或者療效不盡如人意的情況。而患者出現用藥問題的首要原因就是患者在自主用藥的過程中沒有得到及時的提示或指導。人工智慧系統則可以幫助患者對他們的用藥合理性進行分析，透過調用知識圖譜，以及發現已錄入藥品成分之間的藥物過量或相互作用關係，對上述問題進行自動檢測並提醒患者。此外，人工智能還可以根據待服用藥品集當中各藥物的服用注意事項，建立規劃演算法，得出可行的安全用藥時間段，為患者用藥提醒提供科學依據。在全面分析服用藥物的基礎上，這些資訊都能以便於理解的方式在 AI 與患者進行對話的時候合理呈現。

　　而對於部分心理疾病，具備對話生成能力的人工智慧本身就可以參與到治療過程之中。首先，相較於傳統的心理諮詢或者與親友進行傾訴，生成式 AI 聊天機器人只是一個隔著螢幕的軟體程式，使用者不必擔心自己被評判或者隱私被

洩露。其次，相較於心理諮詢師職業生涯的案例總數，生成式 AI 聊天機器人有海量交流資料和知識模型支撐，可以在持續疊代更新的同時保持冷靜和中立，提供一種可靠且可自己進化的心理諮詢服務。此外，當患者在淩晨因為壓力或焦慮難以入眠，不能立刻求助心理醫生時，生成式 AI 聊天機器人可以提供聆聽與陪伴。聆心智慧就是典型的使用生成式 AI 技術為使用者提供心理健康療癒方案的公司。聆心智慧基於生成式基礎模型開發的情緒療癒機器人「Emohaa」，可以構建以生成對話為核心的互動式數位診療方案，透過對話與患者共情，及時提供情緒支持與心理疏導，促進患者的心理健康。

除了心理健康之外，生成式 AI 在對聽障、語障人士的支持領域也發揮著重要作用。獲得科大訊飛戰略投資的音書科技就是這樣一家公司。音書科技不僅為聽障、語障群體提供各種場景下的翻譯字幕系統和手語系統，以支援他們的日常交流和資訊獲取，還提供了 AI 言語康復系統。根據音書科技官網顯示的資料，目前音書科技已經對外提供數億次輔助溝通服務，大大改善了聽障、語障群體的溝通現狀。

除了前面介紹過的診療相關的領域外，對於醫生來說，

醫療衛教也是日常工作的重要環節，而生成式 AI 也可以幫助醫生更好地完成衛教工作。萬木健康公司就借助了生成式 AI 相關技術，只需要採集一段時間的人像、音訊，就可以合成屬於醫生的數位分身，借此製作各種題材的醫療衛教影片。這樣，醫生不需要在繁忙的工作中抽出時間出鏡拍攝，也不需要製作視訊短片，就可以低成本地持續性產出醫療衛教影片，在節約精力和成本的同時惠及患者。

第五章
生成式 AI 的產業地圖

生成式 AI 的產業鏈上有哪些創業、投資的商業機會？

我們並非使用技術，我們生活在技術之中。

——高佛雷・雷吉奧 (Godfrey Reggio)

　　閱讀至此，各位讀者對生成式 AI 的緣起、技術、應用都有了系統性的理解，至於投資、創業究竟會有哪些商業機會？產業鏈各個環節的價值體現在何處？有哪些典型的玩家和商業模式？本章將帶著這些問題從捕捉商業機遇的角度入手，詳細描繪整個生成式 AI 的產業。總體來看，整個生成式 AI 的產業地圖可以分為三類：上游資料服務產業、中游演算法模型產業、下游應用拓展產業（圖 5-1）。

　　• 資料服務：作為智慧型機器的「食物」和數位經濟世界的生產要素，資料在被「餵」給機器之前，常常會涉及查詢與處理、轉換與編排、標註與管理等前置步驟，而在整個資料的使用過程中也離不開治理與規範方面的管理工作。作為生成式 AI 的源頭，相關資料服務產業孕育了很大的商業機會。

　　• 演算法模型：人工智慧之所以能判斷、分析、創作，主要是因為有支撐這些功能的演算法模型。因此，訓練演算法模型就成為整個產業鏈中最「燒腦」、最具技術含量和最具商業潛力的環節。在數位世界，圍繞著如何讓演算法模型更聰明的命題，誕生了包括人工智慧實驗室、集團科技研究

院、開源社區等主要玩家,構成了整個產業鏈的中游環節。

• 應用拓展:經過資料訓練後的演算法模型最終會在下游應用拓展層完成「學以致用」的使命,根據應用場景的模態和功能差異誕生出文本處理、音訊處理、影像處理、影片處理的各個細分賽道。每個細分賽道裡都有許多創新企業在相互較量,這也是當前風險投資機構最熱衷投資的環節。

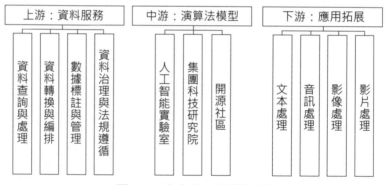

圖 5-1 生成式 AI 產業地圖

第一節　產業上游：資料服務

　　假如人工智慧演算法是一個生物，那麼餵養這個生物的食物便是資料。

　　無論是機器學習還是人類學習，其分析、創作、決策的能力都是來自知識的學習和經驗的積累。不同的是，機器可以不眠不休地學習，不會因為情感和情緒降低學習效率，更不會因為控制不住玩遊戲、看影片的衝動而放棄學習。因此，在機器學習的世界裡，「頭懸樑、錐刺股」、「找家教、開小灶」這類純粹延長學習時間的內捲策略通常並不奏效。在這種情況下，真正決定不同機器之間能力差異的就是資料的品質。生成式 AI 的產業鏈上游是一系列圍繞資料服務誕生的生產環節，我們可以用農作物加工過程作一個雖不嚴謹但易於理解的類比：

　　• 首先是資料查詢與處理，這個環節相當於把剛從農田裡收割的農作物分類裝箱。

- 其次是資料轉換與編排，這個環節相當於把分類裝箱的農作物運送到食品工廠後製作成包裝精美的成品。

- 再次是數據標註與管理，這個環節相當於給來自工廠的成品商品打上條碼和標價。

- 最後是資料治理與法規遵循，這個環節相當於庫房的安保人員要確保商品按照相應的規則存放。

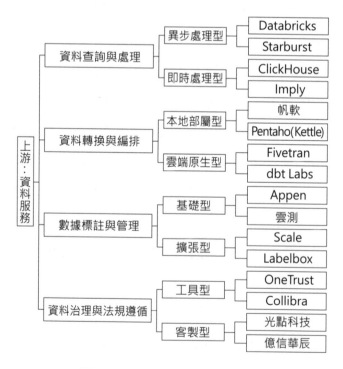

圖 5-2　上游資料服務層產業地圖

　　圖 5-2 展示了生成式 AI 產業鏈上游的全景，最右列是上游主要的公司，右側第二列是公司類型，這些不同類型的公司可以被歸類到資料服務的四個主要環節中。

一、資料查詢與處理

　　通常，資料需要存儲在一個合適的地方，等待著人類輸入指令去提取符合要求的資料進行處理。一方面，這種存儲可以像現實世界中的淡水湖一樣，直接把來自四面八方的水源匯聚在一起不作區分，這種存儲架構被稱為資料湖（Data Lake）。另一方面，這種存儲也可以像農場裡的倉庫一樣，將資料像瓜果一樣收集後清洗好，然後在倉庫裡一個個擺放整齊，這種存儲架構被稱為資料倉庫 (Data Warehouse)。

　　近幾年，在技術進步和商業發展的推動下，「湖倉一體」(Data Lakehouse) 的資料存儲模式開始出現。湖倉一體模式將資料湖的靈活性和資料倉庫的易用性、規範性、高性能等不同特點融合起來，能夠為企業帶來降低成本、省時省力等多種好處。

- 降低成本：湖倉一體模式可以降低資料流程動的成本，相當於把天然農場變成了糧倉。

- 省時：湖倉一體模式可以降低時延，類似於省掉了農作物從農田搬運到倉庫的環節，這樣可以節省搬運時間。

- 省力：對企業而言，湖倉一體模式可以避免在資料架構層面不必要的重複建設。

　　無論是資料湖模式還是湖倉一體模式，都更加符合當前生成式 AI 提取各類非結構化資料和結構化資料訓練使用的需求。根據市場研究公司 IMARC 測算，全球資料湖市場規模在 2021 年達到了 74 億美元，並預計 2022 到 2027 年複合年均成長率為 26.4%，預計 2027 年全球資料湖市場規模達 300 億美元，可見增長潛力之大。資料湖具有如此大的增長潛力，因此如何從資料湖中查詢與處理資料就顯得更為重要。根據資料查詢與處理的時效，可以將涉及這個環節的公司分為兩類：非同步處理型公司和即時處理型公司。

1. 非同步處理型公司

　　簡單地說，非同步處理指的是資料的處理過程並非同步

進行，而是分不同步驟依次進行。這裡劃分的非同步處理型
公司並非指公司不具備即時處理的能力，而是資料服務主要
針對的業務場景是非同步工作的。截至 2022 年 12 月初，資
料查詢與非同步處理型公司中有兩家公司發展勢頭迅猛，值
得關注：一是 Databricks，當時的最新估值是 380 億美元；
二是 Starburst，當時的最新估值是 33.5 億美元。

　　2013 年，通用計算引擎 Apache Spark 的創始團隊出於對
Spark 商業化的考慮成立了 Databricks 公司。自此，Databricks
就像架在資料湖之間的橋樑，透過支持行業特定的檔案格
式、資料共用和流處理等方式，讓資料的讀取和預處理變得
更加便捷。Databricks 提供了一個名為 Delta Sharing 的開源功
能，可以達成資料的跨區域共用，從而提高工作協作效率。
另外，Databricks 針對特定行業特定檔案格式的資料處理需
求，一直在探索有針對性的垂直產品。比如，針對不同醫院
的電子病歷格式上有細微差異的問題，Databricks 可以讀取
和預處理電子病例的原始資料，從而形成格式統一的結構化
資料。Databricks 的首席測試官 (CTO) 馬泰‧扎哈里亞 (Matei
Zaharia) 在 2022 年 12 月接受採訪時表示：「Databricks 在前
三大超大規模資料中心裡運行著超過 5,000 萬臺虛擬機，有

1,000 多家公司在使用 Delta Sharing 進行資料交互。」可以說，Databricks 是一個聯結資料湖倉架構的樞紐，而這份樞紐所帶來的資料價值也獲得了投資人的廣泛認可。

　　Starburst 是一家緣起於 Facebook 開源專案的資料分析公司。它提供了一種解決方案，可以讓使用者隨時隨地快速輕鬆地讀取資料。Starburst 的歷史可以追溯到 2012 年 Facebook 的開源項目 Presto。Presto 最初是為了滿足 Facebook 大規模資料快速查詢的需求而建立的。2013 年，Presto 的初始版本在 Facebook 上線使用並開源，自此之後，包括亞馬遜、Netflix 和 LinkedIn 在內的其他科技公司也都開始使用。直到 2017 年，為了更大規模推動 Presto 的使用，Startburst 得以成立，並在一段時間的發展中獲得了資本市場的青睞。

2. 即時處理型公司

　　與非同步處理型公司類似，即時處理型公司指的是主要針對即時處理需求的公司提供資料服務。截至 2022 年 12 月初，資料查詢與即時處理型公司中有兩家公司值得關注：一是 ClickHouse，當時的最新估值是 20 億美元；二是 Imply，當時的最新估值是 11 億美元。ClickHouse 強調處理速度，可

以達到即時資料讀取與處理，並且圍繞它形成了一個開發者社區，有助於持續開發和技術改進。

ClickHouse 的主要產品是一個開源的列式資料庫，在列式資料庫中，資料按列進行物理分組和存儲，最大限度地減少了磁碟讀取次數並提高了性能，因為處理特定查詢時每次只需要讀取一小部分數據。此外，由於每一列都包含相同類型的資料，因此也可以使用有效的壓縮機制降低存儲成本。而正是這些獨特的技術特性讓 ClickHouse 受到了資本市場的充分關注。

Imply 是一家基於 Apache Druid 提供資料查詢與即時處理服務的公司。Apache Druid 是一個即時分析型資料庫，最初主要面向廣告行業的資料存儲、查詢需求，因為廣告資料對資料的即時性要求很高，對廣告主而言，及時衡量曝光、點擊、轉化等關鍵指標有助於快速評估廣告投放的效果，進而對廣告投放策略進行調整。尤其是在自媒體時代，網路熱門關鍵字的時效性、使用者的注意力、網紅達人的生命週期都在變短，這使得廣告業對資料訪問和處理的即時性要求變得越來越高。目前，Imply 為許多需要利用動態資料進行即時處理分析的場景提供技術支撐，也為不少更高級別的 AI

技術提供大規模數值計算的能力。

二、資料轉換與編排

在這個環節裡，作為人工智慧「食品原料」的資料就需要被運送到加工廠裡進行加工處理了。這個環節對資料的處理主要包括提取（Extract，簡稱 E）、載入（Load，簡稱 L）和轉換（Transform，簡稱 T）三個模組，因此產業界通常將該環節稱為 ELT 或 ETL，也就是三個模組的英文首字母縮寫，L 和 T 的順序則取決於實際操作流程中哪個環節在前面。這三個模組的含義如下所示：

- 提取：從各種來源獲取資料。
- 載入：將資料移動至目標位置。
- 轉換：處理和組織資料，使其具備業務可用性。

根據市場研究公司 Grand View Research 的資料，全球資料蒐集工具市場的規模在 2021 年是 105 億美元，預計 2022 到 2030 年年均複合成長率是 11.9%。根據資料處理的方式是

在本地還是在雲端，可以將涉及這個環節的公司分為兩類：
本地部署型公司和雲端原生型公司。

1. 本地部署型公司

　　本地部署型公司主要指核心軟體產品部署在本地電腦環境中使用的公司。在這個領域有兩家公司值得關注：一是帆軟，二是 Pentaho（主要關注其產品 Kettle）。

　　帆軟成立於 2006 年，是一家總部位於中國無錫的大數據商業智能和分析平臺專業供應商，它專注於商業智能和資料分析領域，致力於提供一站式商業智能解決方案。僅 2021 年，帆軟銷售額就已超 11.4 億。根據國際資料公司 IDC 2021 年的資料，帆軟的主業商業智能的市場份額連續五年在中國排名第一。旗下的 FineDataLink 是一站式資料蒐集工具類的重要產品，其目的是為了解決企業資料處理的困境。如今各大企業擁有大量各種類型的資訊系統，但企業之間並不連通，形成了資料壁壘，這也使企業無法進行有效的資料聯合分析，最終導致資料無法發揮最大價值。而 FineDataLink 即時同步多種異構資料，採用串流與批量資料同步的調度引擎進行資料清洗，並提供低程式碼 Data API 敏捷發佈平臺，

幫助企業解決資料孤島，提升資料價值。從帆軟官網披露的資訊來看，FineDataLink 的客戶以三一重機、安特威、惠科金渝等製造業客戶為主。

Kettle 最早是一個開源的 ETL 工具，採用 java 編寫，可以在各種類型的作業系統上運行，資料抽取高效、穩定。2006 年被 Pentaho 公司收購，2015 年 Pentaho 公司又被 Hitachi Data Systems 收購。截至 2021 年 1 月 31 日，Kettle 開源版軟體下載量最多的國家是中國，占全球下載量的 20%。

2. 雲端原生型公司

雲端原生型公司主要指以雲端服務的形式提供旗下產品資料轉換與編排功能的公司。截至 2022 年 12 月初，雲端原生型公司中也有兩家公司值得關注：一是 Fivetran，當時最新估值是 56 億美元；二是 dbt Labs，當時最新估值是 42 億美元。

Fivetran 是矽谷知名創投公司 Y Combinator 成功孵化的公司，這家公司的名字來自 20 世紀 50 年代 IBM 開發的程式設計語言 Fortran。隨著雲計算技術的到來，Fivetran 最初意識到傳統 ETL/ELT 工具的性能可能難以配合雲端原生的

工作場景，因此基於雲端原生場景開發了相較於本地部署場景下的 ETL/ELT 工具更適配的資料整合平臺。透過提供 SaaS（Software-as-a-Service，軟體即服務）服務，Fivetran 可以連接到業務關鍵資料來源，提取並處理所有資料，然後將資料轉儲到倉庫中，以進行查詢訪問和必要的進一步轉換。Fivetran 讓大規模資料的分析操作變得更簡單了，有人認為 Fivetran 是「在 Excel 和 Matlab 之間找到了平衡」。隨著數位時代的發展，未來大規模資料分析的需求會越來越強烈，但學習專業的大數據分析工具成本不低，因此 Fivetran 很好地彌合了這個市場需求。

　　dbt Labs 聚焦在 ELT 中的 Transform 部分，幫助資料團隊「像軟體工程師一樣工作」，它的核心功能是幫助使用者書寫資料轉換的程式碼。在創業之前，dbt Labs 的創始人團隊一直在資料分析領域工作，他們對於資料分析所面臨的問題和挑戰有著深刻的瞭解。他們一直堅信，資料分析師是一種創造性的工作。dbt Labs 最初推出的產品非常小眾。一部分嘗鮮客戶為 dbt Labs 的產品提出了很多改進建議和需求，這有助於產品的推陳出新，產品也有利於在這些早期使用者中傳播口碑，就像一個種子在肥沃的土壤中發芽生長一樣，

這使得 dbt Labs 快速成長起來。在它發佈了 dbt Cloud 的雲端服務之後，公司估值也快速上升，獲得了投資人的廣泛認可。

三、數據標註與管理

如果說人工智慧是把機器當作學生進行教學的過程，那麼數據標註與管理環節則是備課環節，把原始資料進行結構化處理後，接下來就是組織整理知識點，然後教給機器。在前文中，我們介紹過在許多工場景中，人工智慧需要透過監督的方式進行學習，人類透過「餵養」機器標註了知識點的結構化資料來達成監督，最終形成可以解決各個場景實際問題的演算法模型。正如中國工程院院士鄔賀銓曾表示的：「智慧駕駛中需要讓汽車自動識別馬路，但如果只是將影片單純地傳給電腦，電腦無法識別，需要人工在影片中將道路框出，再交由電腦，電腦多次接受此類資訊後，才能逐漸學會在影片和照片中識別出道路。」

根據 Grand View Research 的研究，2021 年全球數據標註市場規模為 16.7 億美元，預計 2022 到 2030 年將以 25.1% 的年均複合成長。數據標註環節聽起來不需要太多的技術，只

需雇用更多的勞動力就可完成，但有心的公司可以基於數據標註的源頭將業務拓展到其他環節，獲得更大的發展空間。因此，根據公司業務拓展程度的差異，可以將涉及這個環節的公司分為兩類：基礎型公司和擴張型公司。

1. 基礎型公司

　　基礎型公司通常專注於數據標註與管理領域，並沒有過多將業務延伸至演算法模型等其他領域，雖然聚焦的環節附加值不高，但由於充分的專注度，基礎型公司在該垂直領域形成了獨特的競爭優勢，Appen 和雲測資料就是這一類公司的典型代表。

　　Appen 是全球領先的 AI 訓練資料服務提供者，成立於 1996 年，2015 年在澳大利亞證券交易所上市。基於官網資訊可知，Appen 在全球擁有 100 多萬名群眾外包 (crowdsourcing) 人員，支援 235 種語言，業務遍佈全球 170 個國家和 7 萬個地區。目前，Appen 已經為全球許多頂尖企業提供服務長達 20 多年，能夠針對不同行業的 AI 應用場景需求提供獨特的解決方案。

　　雲測資料是另一個具有代表性的基礎型公司。雲測資料

成立於 2011 年，是一家自動化軟體測試公司，2018 年開始涉足數據標註業務，旗下擁有雲測標註平臺和中國眾多供應商，致力於加速 AI 場景化實行。根據《互聯網週刊》發佈的「2022 數據標註公司排行」，雲測資料排在中國數據標註行業第一位。

2. 擴張型公司

Scale 是從數據標註環節向其他環節擴張的典型公司。Scale 在成立的最初四年還只是專注於標註資料，但從第五年開始逐步向下游擴展，目前已經開發了自有模型，從而進入更加具有技術含量和商業價值的環節。Scale 官網資訊顯示，Scale 的客戶不僅包括美國國防部和科技巨頭（比如微軟、SAP、PayPal），甚至包括 OpenAI。Scale 之所以可以從最初看似技術含量不高的數據標註環節向更具附加價值的中下游環節擴張，主要受益於規模經濟、客戶黏著度和資源壟斷。

- 規模經濟：Scale 的客戶越多，處理的資料量和維度也越多，對於不同任務的處理經驗也更加豐富，相關的標註演算法工具也更加完備，處理效率和品質就越高。因此，隨著

時間的推移，Scale 作為先發者相較於跟進者而言就可以以更低的成本提供更高品質的服務，做「時間的朋友」。

• 客戶黏著度：數據標註服務本身很難建立起高度的客戶黏著度，而 Scale 之所以可以留住客戶，得益於它在 2020 年 4 月推出的 Scale Document。Scale Document 不僅為資料貼標籤，還與客戶合作建立訂製模型。這使得客戶更換服務商時，會需要重新訓練模型，導致成本變高。

• 資源壟斷：這裡所說的資源壟斷指的不是壟斷數據而是壟斷人才，資料的所有權是客戶的，即使透過 Scale 來完成標註標籤過程，也不能把這些資料誤認為是 Scale 的資產。但隨著數據流過 Scale 平臺，這些數據同樣訓練了 Scale 平臺標註演算法的模型能力，也累積了這個領域的眾多人才，人才是這個領域的寶貴資源。

另一家典型的擴張型公司 Labelbox 也是從數據標註起家，逐漸拓展了資料管理、AI 輔助標記、模型訓練和診斷服務等相關業務，進而成為一個綜合性的 AI 資料引擎平臺。Burberry 就曾利用 Labelbox 來輔助它的行銷策劃。作為跨國品牌，Burberry 在進行全球行銷的過程中常常需要處理大量

的行銷圖片。為了幫助高效決策，Burberry 通常需要對成千上萬張圖片進行標籤和分類，進而在行銷投放環節，根據品牌宣發需求進行精準的分管道投放。過去標註標籤環節是完全透過人工進行的，耗費時間和精力，如今利用 Labelbox 這樣的工具後，可以大幅提高標籤的效率，節省圖片分類的時間。根據 Labelbox 官網的資訊，在和 Burberry 合作的過程中成功為 Burberry 節省了 10 個人力，僅花費 2 個小時就可以處理完成上千張圖片。

智研諮詢資料顯示，2021 年中國數據標註與審核行業市場規模達到 44.4 億元，伴隨著 AI 戰略被更多企業認同，更多資金和資源被投入，以及各項技術得到實際應用和執行，中國數據標註與審核行業將延續高速增長態勢。中國頂尖科技公司都有自己的數據標註部門，比如百度的百度眾測和京東的京東眾智。

四、資料治理與法規遵循

雖然資料是人工智慧機器的「食物」，但也不能讓機器胡吃海塞。在數位經濟時代，資料是和土地、人力、資本一

樣舉足輕重的生產資料，因此，既需要保證資料資產在管理時符合預先設置的數據品質規範，也需要在訪問和調取資料時做到符合法律規範，這也使得資料治理和法規遵循服務逐漸成為各個企業的必需品。

市場研究公司 ReporterLinker 的資料顯示，2020 年全球資料治理市場規模約為 18 億美元，預計到 2027 年將達到 72 億美元，在此期間以 22% 的年均複合成長。根據服務交付的模式，可以將涉及這個環節的公司分為兩類：工具型公司和訂製型公司。

1. 工具型公司

工具型公司是將資料治理與法規遵循服務產品化，需要相關服務的客戶可以直接購買標準化的產品或基於已有的產品進行部分自定義。OneTrust 和 Collibra 就是兩家典型的工具型公司。OneTrust 總部設在亞特蘭大和倫敦，創始人卡比爾．巴戴 (Kabir Barday) 曾是 BlackRock 的開發人員。他在 2016 年注意到很多公司正在準備資料法規遵循的工作，於是創辦了 OneTrust 公司。

OneTrust 透過自動化工具幫助企業遵守《歐盟一般資料

保護規則》、《加州消費者隱私法案》和數百個其他全球隱私法律。OneTrust 簡化了消費者和主體權利請求的接收和履行流程，允許客戶與同行進行基準比較，繪製和盤點處理記錄，並在資料流程經其組織時生成自訂報告。根據 2020 年 IDC 市場份額報告，彼時僅成立 4 年的 OneTrust 公司的份額就占到全球資料隱私市場總份額的 40.2%，並被 Inc.500 評為美國增長最快的公司。

Collibra 早在 2008 年就在紐約成立，它透過提供各種工具來滿足資料監管及法規遵循的要求，並以自動化的資料治理和管理解決方案而聞名。Collibra 提供了自動資料分類的功能，如果特定資料集內包含與歐盟居民有關的個人身分資訊（PII），它將自動應用《歐盟一般資料保護規則》、《加州消費者隱私法案》等法案政策，透過使用機器學習對敏感性資料進行自動分類，省時省力。

2. 客製型公司

客製型公司主要的業務特點是為客戶提供個性化的解決方案。光點科技和億信華辰就是兩家典型的客製型公司。

光點科技總部位於廣州。根據光點科技官網資訊，截至

2022 年底,光點服務的客戶已超過 100 家,包括廣東省工業和信息化廳、廣州市工業和信息化局等。光點科技的服務行業涉及金融、電信、政務、泛零售等。透過數據治理,光點科技可以對企業數據收集、融合、清洗、處理等過程進行管理和控制,有助於持續輸出高質量數據。通常,客戶會針對特殊的業務場景進行數據解決方案的客製化,例如,在新冠肺炎疫情防控期間,透過光點數據填報系統,在機場、火車站、交流道口、客運站等人流密集的入口區域掃描條碼登記,可實現人員無接觸通關,也有助於即時掌控人員行動軌跡,以便及時推出聯防聯控的行動解決措施。基於數據治理業務,光點科技同樣能夠提供有價值的資料應用服務,例如光點科技研發的「數位靈境」就將大數據與城市發展相結合,打造出了智慧城市大數據平臺。

億信華辰成立於 2006 年,它自主研發了「睿治」智慧數據治理平臺,可以提供客製化的數據治理服務。根據億信華辰官網資料,截至 2022 年 12 月,億信華辰已經服務了 1.1 萬家企業和 2.3 萬個項目。作為客製型資料治理服務的代表性公司,億信華辰根據不同行業的需求「因地制宜」,例如為地產商時代中國量身打造了一套完整的線上資料管控體

系，透過資料資產管理，構建了一整套線上資料管控體系。根據 IDC 發佈的《中國資料治理市場份額 (2021)》報告，億信華辰在中國數據治理市場的份額占據第一位。

第二節　產業中游：演算法模型

　　產業中游的演算法模型是生成式 AI 最核心的環節，是機器完成教育訓練過程的關鍵環節。中游演算法模型包括三類重要的參與者：人工智慧實驗室、集團科技研究院和開源社區。中游演算法模型的產業地如圖如圖 5-3 所示。

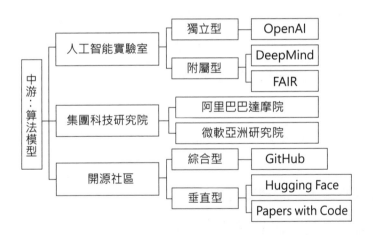

圖 5-3　中游演算法模型層產業地圖

一、人工智慧實驗室

　　演算法模型在人工智慧系統中發揮決策作用，是人工智慧系統完成各項任務的基礎。演算法模型可以用來表示人工智慧系統的知識，並透過對資料進行處理，幫助人工智慧系統做出決策。因此，演算法模型可以被視為人工智慧系統的靈魂，也是人工智慧從「單細胞」到「多細胞」，再到「高級智慧生物」演進過程的根本推動力，正是種種演算法模型賦予了機器近乎人類的洞察力與創造力。很多企業為了更好地研究演算法模型並推動其商業實行，在企業內部設立了和大專院校一樣的人工智慧實驗室，甚至有些企業本身就是一個大型人工智慧實驗室。據此，可以將人工智慧實驗室分為兩類：獨立型人工智慧實驗室和附屬型人工智慧實驗室。

1. 獨立型人工智慧實驗室

　　獨立型人工智慧實驗室中最具有代表性的公司是 OpenAI。OpenAI 於 2015 年在美國矽谷成立，其背後的創始團隊陣容十分強大：有著「鋼鐵人」稱號的伊隆·馬斯克、全球知名創業孵化器 Y Combinator 的掌門人山姆·阿

特曼、著有暢銷書《從 0 到 1》的矽谷創投教父彼得・提爾
(Peter Thiel)。不止於此，在 OpenAI 成立後的第五年，微軟
向 OpenAI 投資了 10 億美元。在 5v5 模式的《Dota 2》比賽
中，OpenAI 開發的人工智慧 OpenAI Five 擊敗了人類選手，
比爾・蓋茲盛讚這是人工智慧發展過程中的重要里程碑。而
在 2022 年引爆生成式 AI 熱潮的「ChatGPT 聊天機器人軟體」
也正是 OpenAI 的傑作，OpenAI 推出的基礎模型 GPT-3 可以
達到千億級參數，而其即將推出的 GPT-4 模型被許多人認為
有望真正透過圖靈測試。除了 GPT 之外，OpenAI 在 2022 年
同樣發佈了知名 AI 繪畫工具 DALL・E 2，以及逼近人類水
準、支援多種語言的語音辨識預訓練模型 Whisper。這些智
慧演算法模型無疑都代表著當前人類在人工智慧領域的一些
頂尖成果。

2. 附屬型人工智慧實驗室

　　Google 旗下的 DeepMind 被認為是 OpenAI 最大的競爭
對手，比 OpenAI 早成立了 5 年。DeepMind 最知名的人工智
慧模型是 AlphaGo，它在圍棋遊戲中打敗了國際上最優秀的
人類棋手。與 OpenAI 一樣，DeepMind 也致力於開發通用人

工智慧演算法模型，因此除了內容創作領域之外，DeepMind 在許多其他領域也開發了震驚大眾的人工智慧。2018 年，DeepMind 開發的 AlphaFold 在結構預測關鍵評估 (CASP) 競賽中展現出了超出人類的能力，AlphaFold 在蛋白質結構預測領域取得了突破性成果，也使得人工智慧的觸角伸向了生物科技與醫療領域。2022 年，DeepMind 又發布了基於 Transformer 的新模型 AlphaCode，甚至在國際自然科學領域頂級期刊《科學》(*Science*) 上發表了新論文，該研究登上了《科學》封面。

　　FAIR 則是 Meta 旗下的人工智慧演算法模型研究團隊，全稱為 Facebook AI Research，該團隊於 2022 年被併入元宇宙核心部門 Reality Labs。FAIR 負責人楊立昆 (Yann LeCun) 是卷積神經網路之父、紐約大學終身教授，與 Google 副總裁傑佛瑞・辛頓 (Geoffrey Hinton)、2018 年圖靈獎得主約書亞・班吉歐 (Yoshua Bengio) 並稱為「深度學習三巨頭」。Meta 目前也正在尋求讓機器學習和人工智慧在整個公司得到廣泛應用的機會，而不只是局限在研究部門。FAIR 在 2021 年已經開源了 Expire-Span 演算法，這是一種深度學習技術，可以學習輸入序列中哪些項目應該被記住，從而降低 AI 的記憶體

和計算要求。Meta 表示：「作為研究更像人類的人工智慧系統的下一步，FAIR 正在研究如何將不同類型的記憶融入神經網路。」因此，從長遠來看，Meta 可以使人工智慧更接近人類的記憶，具有比當前系統更快的學習能力。Meta 相信 Expire-Span 是一個重要的、令人興奮的進步，朝著未來人工智慧驅動的創新邁進。

二、集團科技研究院

一些集團型公司往往會設立聚焦前沿科技領域的大型研究院，下設不同細分方向的實驗室，透過學術氛圍更加濃厚的管理方式，為公司未來科技的發展儲備生力軍。阿里巴巴達摩院和微軟亞洲研究院就是人工智慧領域典型的集團科技研究院。

阿里巴巴達摩院成立於 2017 年 10 月 11 日，致力於探索科技未知，以人類願景為驅動力，開展基礎科學和創新性技術研究。截至 2022 年年底，達摩院旗下主要包括五個方向的實驗室：機器智能、數據計算、機器人、金融科技、X 實驗室。X 實驗室指的是除了前四個領域，在未來可能會有

裂變價值的科技領域，當前主要涵蓋量子計算、下一代移動通信和虛擬實境三個方向。除了這些自研實驗室外，達摩院還和全球許多知名高校建立了聯合實驗室，並推出了阿里巴巴創新研究計畫，構建全球學術合作網路，這些目前都是阿里巴巴達摩院研究的重要組成部分。自成立以來，達摩院研究出了許多傑出的成果，其中不少成果與生成式 AI 領域息息相關。例如，達摩院研發的深度語言模型體系 AliceMind 掌握 100 多種語言，具有閱讀、寫作、翻譯、問答、搜索、摘要生成、對話等多種能力，其處理能力先後登上了自然語言處理領域的六大權威榜單，並在 2021 年年中宣佈了開源。

　　微軟亞洲研究院成立於 1998 年，是微軟公司在海外開設的第二家基礎科研機構，由李開復博士出任第一任院長，至今已經發展成為世界一流的電腦基礎及應用研究機構。截至 2022 年年底，微軟亞洲研究院在中國的核心研究團隊除了北京、上海的多個細分方向的研究組外，還包含科學智慧中心、產業創新中心和理論中心三大研究中心。無論是北京、上海的研究組，還是三大研究中心，許多研究方向都與人工智慧相關，也產出過傑出的生成式 AI 研究成果，比如通用多模態基礎模型 BEiT-3，它在目標檢測、實例分割、語義分

割、圖像分類、視覺推理、視覺問答、圖片描述生成和跨模態檢索等領域都表現出了傑出的性能。

三、開源社區

開源社區對生成式 AI 的發展十分重要，因為它提供了一個平臺，讓開發人員能夠共用他們的程式碼，分享他們最新的研究成果，並與其他人一起協作，共同推動生成式 AI 相關技術的發展進步。除了可以讓研究人員彼此充分學習交流外，開源社區還可以幫助開發者更快地開發出人工智慧相關應用。建造各個場景下的人工智慧應用系統就像建造一棟棟大樓，往往需要很多人的共同努力。而開源社區就像是工地上的交流中心，讓所有參與建造的人都能夠找到合適的工具和材料，並與其他人交流想法，共同完成建造工作。如果沒有交流中心，大樓的建造將會變得困難重重，甚至無法完成。同樣，如果沒有開源社區，人工智慧的發展也會面臨諸多困難。因此，開源社區對於人工智慧的重要性不言而喻。根據開源社區所覆蓋領域的寬度和深度，可以將開源社區分為兩類：綜合型開源社區和垂直型開源社區。

1. 綜合型開源社區

GitHub 是世界上最大的開源程式碼託管平臺，目前已有超過 9,000 萬的活躍帳戶和 1.9 億資料庫。作為開源玩家界的 Facebook，GitHub 是開發者與朋友、同事、同學及陌生人共用原始程式碼的完美場所，無論是人工智慧領域相關的程式碼，還是其他領域的程式碼都可以在這裡上傳共用。

程式碼開源不僅可以減少重複性工作，還可以推動技術研究的快速突破，降低應用門檻，加速技術產業化推廣使用，以及有效促進學界與產業界的有效交流，促進產學研融合。

2018 年，Github 被微軟收購，但其社區與業務依然獨立運營，保留了它傳承已久的開源精神。無論是生成式 AI 領域的論文還是項目，如果要選擇上傳開源程式碼的地方，Github 絕對是首選。

2. 垂直型開源社區

除了像 Github 這樣大而全的開源社區外，還有一些針對垂直領域的小而精的網站和社區在開源領域發光發熱，比如 Papers with Code 和 Hugging Face。

Papers with Code 是一個總結了機器學習論文及其執行程

式碼的網站。使用者可以輕鬆地在網站上檢索到所需要的機器學習論文及儲存在 Github 上的開源程式碼。使用者可以按照標題關鍵字或者研究領域關鍵字進行查詢，也可以按照流行程度、論文發表時間以及 Github 上收藏 (Star) 數量最多來對論文及論文代碼進行排序。

Papers with Code 網站最初是由 Reddit 的使用者 rstoj 開發，讓人們可以從中發現一些以前不知道的研究精華。作為機器學習界的內容社區，Papers with Code 大大促進了人工智慧領域的研究。

Hugging Face 是專注於機器學習領域的垂直版 GitHub。它想要把主打年輕使用者的聊天機器人作為主營業務，因此在 GitHub 上開源了一個 Transformer 的資料庫，不過沒想到聊天機器人業務沒做起來，Transformer 庫卻在機器學習社區爆紅。很多人認為 Hugging Face 的成功是因為團隊開放的文化和態度，以及利他利己的精神很具有吸引力。

目前，仍然有很多業界專家都在使用 Hugging Face 和提交新模型，甚至有些 NLP 工程師招聘中明確要求面試者熟練使用 Hugging Face Transformer 庫。如果說人工智慧是一場淘

金運動，那麼 Hugging Face 則是典型的「賣水人」[4]。

4　19 世紀加州盛行淘金，山谷裡水源極缺，淘金者苦於無水可喝，於是小農夫亞默爾放棄淘金，改為掘水賣水，因此賺進大筆錢財。

第三節　產業下游：應用拓展

　　任何優秀的演算法模型最終都需要在具體的應用場景執行並實現其商業價值。在生成式 AI 產業的下游，可以將生成式 AI 相關應用拓展到四個主要場景：文本處理、音訊處理、影像處理、影片處理（圖 5-4）。伴隨著生成式 AI 技術成熟度的提高，在產業下游將會誕生越來越多全新的商業機會與新創公司，本節將對四大主要場景中部分特點明晰的應用與公司進行介紹。

一、文本處理

　　目前，文本處理是生成式 AI 相關技術距離消費者感知最近的場景，也是技術成熟度相對較高的場景，因此文本處理場景中的應用與公司最為豐富。這些應用與公司會從多個維度輔助公司的業務和職能部門的工作，並直接參與到內容的商業化過程中。

1. 行銷型文本處理

　　行銷文本處理是最常見的應用情境，客戶大多是企業端的行銷部門及行銷公司人員，他們的痛點是需要投入大量時間思考廣告創意、行銷文案，內容的的生產非常依靠靈光乍現，而他們往往非常容易靈感枯竭。文本處理應用的誕生就是為了解決這個痛點，許多文本處理應用在產出的同時，還能透過使用者的修改形成回饋，改進整個模型，從而輸出更高品質的內容，形成「AI+ 人工」的正向技術網路效應。

　　Copy.AI 是典型的行銷型文本處理應用。它基於 GPT-3 基礎模型，能在幾秒鐘內生成高品質的廣告和行銷文案，包含 70 多個 AI 模板，覆蓋的場景包括部落格、社交媒體推廣、產品上線等，還可以翻譯 25 種不同的語言。你只需輸入標題、文案大意，Copy.AI 就可以生成一段可讀性較高的文案。Copy.AI 意圖將人們創作文案的構思階段縮短 80% 以上，然後讓行銷人員依靠人工的修改和潤色來填補剩餘的 20%。它的收費模式也很簡單，根據官網在 2022 年 12 月顯示的資訊，免費版 Copy.AI 每個月只提供 2,000 個字的額度，Pro 版 Copy.AI 收費為 49 美元／月，可以同時讓 5 個帳戶使用，平攤下來每個帳戶不到 10 美元／月。

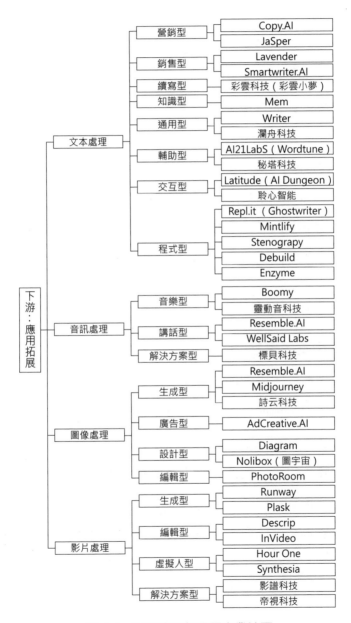

圖 5-4　下游應用拓展層產業地圖

　　Jasper 是一家典型的行銷型文本處理公司，旗下產品的功能和 Copy.AI 非常類似，底層也是採用 GPT-3 的相關模型，但團隊在此基礎上做了改進，特別是在廣告和行銷的內容生成上，Jasper 的產品擅長生產長篇的內容。此外，Jasper 公司還收購了一家專注於提供寫作語法檢查服務的公司 Outwrite，其產品非常類似 Grammarly，強化了 Jasper 產品的文本效果。不過，Jasper 產品的定價相比 Copy.AI 更高且沒有免費版。Jasper 公司與 AIrbnb、HubSpot、Autodesk 以及 IBM 等企業客戶合作，2021 年收入超過 4,000 萬美金。

2. 銷售型文本處理

　　銷售型文本處理與行銷型文本處理有一定的相似性。對於市場行銷人員而言，行銷型文本處理通常面向廣大的公眾和消費者，文案更多發佈於部落格、社交媒體、廣告等大眾傳播的應用場景，比如一般人都能在電視上、網上、大街上看到的廣告詞和標語等等；銷售型文本處理則面向更私人、非公開的場合，比如電子信箱。很多金融機構的分析師可能深有體會，每當查看需要輸入電子信箱的資料或者報告後，信箱裡總會收到大量資料機構的銷售人員發來的會議邀請、

產品介紹，等等。銷售型文本處理應用正是為這些努力工作的銷售人員準備的，它可以透過 AI 自動生成電子郵件，並根據屬性篩選和抓取潛在客戶信箱、發送郵件進行驗證，最典型的應用包括 Lavender 和 Smartwriter.AI。

Lavender 是一款用於編寫銷售電子郵件的瀏覽器擴充程式，結合了 AI 分析、社交資料和收件匣生產力工具等功能模組。AI 分析可以幫助使用者優化電子郵件回覆內容，社交資料幫助使用者建立融洽的關係，而移動設備預覽、電子郵件驗證、GIF 圖和垃圾郵件攔截器等工具都可以幫助使用者更好地利用電子郵件處理工作。所有這一切的目標都是使銷售人員能寫出一封更可能得到潛在客戶回覆的郵件。比如 Lavender 會分析收件人的社交資料、日曆時間等，幫助銷售人員瞭解客戶如何做出購買決定及如何訂製個性化的郵件訊息。Lavender 還會對郵件進行分析和評分，快速分析郵件當中的問題，自動進行修復。

Smartwriter.AI 在電子郵件功能上與 Lavender 相似，還具備了類似 Jasper 產品的行銷文案生成能力，能夠直接面向 Gmail、Yahoo Mail、Facebook、Twitter、LinkedIn 進行資料抓取及潛在客戶構建和銷售。

3. 續寫型文本處理

　　續寫型文本處理與行銷型文本處理的共同點在於，它們都對 AI 處理文本的自由度和開放度有較高的要求，換句話說，考驗 AI 的「創意」。相對於行銷型文本處理應用來說，續寫型文本處理應用的使用者並非專業的企業人員，更有可能是從事藝術創作的個人，比如每天被讀者催更的網路作家。因為使用者的規模和收入水準區別較大，續寫型文本處理應用並不是生產力工具，而更多的是具有娛樂屬性，目前從收費模式上也更可能是免費的。

　　目前，中國各類影片創作者樂此不疲地使用續寫型文本處理應用，為《三體》等熱門作品續寫另一種結局，然後把離譜的結果發到影片平臺上，滿足使用者對 AI 生成內容的獵奇心理。其中常見的一個應用是由中國公司彩雲科技開發的彩雲小夢。使用者只需要在長文本輸入框中先寫個開頭或者輸入世界設定和故事背景，然後就可以交給 AI 小夢來幫忙續寫。彩雲小夢還內置了多種續寫模型，包括標準、言情、玄幻、都市等。使用者可以點擊右上角自由切換模型，可根據偏好續寫不同風格的內容。每一次續寫的一段話都可以中途修改，或者挑選小夢寫的另外幾個段落進行更換。另外，

彩雲小夢目前還更新了對話版，在完成世界設定後，能夠以
對話的形式展開劇情。在較小的營收壓力下，目前的彩雲小
夢仍然免費。

4. 知識型文本處理

　　上述三類文本處理應用從定位上更接近於「輸出」的過
程，即「使用的目的」是為了有可以外發的、展示的、傳播
的產出，就好比一個小學生可能會用小猿搜題找到作業的答
案，然後把作業展示給老師。而知識型文本處理應用則更注
重資訊的「輸入」，幫助使用者增強行資訊的歸納、接收和
整理能力，就好比一個小學生在寫作業之前，要用心智圖等
工具把上課學到的知識點整理好，內化為之後寫作業、考試
可以用到的技能，但這個過程可能需要花費很長時間，從不
同的教材、筆記本、錯題本上搜索資訊。對於企業員工來說，
搜索資訊、管理資訊一直是一件耗費精力的事，因為員工把
大量時間花在了「重新發明輪子」上。一些人工智慧文本生
成工具就專注於解決這個問題。

　　Mem 就是一家這個賽道上的典型公司，由華裔工程師
Dennis Xu 和凱文・穆迪 (Kevin Moody) 共同創辦。Mem 產品

的優勢是「羽量級」，主打快速記錄與內容搜索，允許使用者附加主題標籤，標記其他使用者。此外，Mem 與生成式 AI 的結合更是讓其產品功能強大無比，產品的內置工作助手 Mem X 可以執行智慧編輯、智慧寫作等任務，比如將零散的文本組成段落、為文章進行總結或者生成標題。目前，Mem 的商業模式走的也是 SaaS 的路線，使用者需要購買 10 美元／月的 Mem X 套餐，才能享受到 AI 的能力，包括自動整理和歸類資訊。除了這個額外的進階功能外，Mem X 的付費版還取消了單個檔大小為 25MB 的限制，並擁有 100GB 的總儲存空間，這大約是免費版本的 20 倍。

5. 通用型文本處理

顧名思義，通用型文本處理不局限於某個特定場景，而是為使用者提供具有泛用性的綜合解決能力，因此能夠覆蓋到類別更為豐富的使用者。比如 Writer 公司的 AI 寫作平臺，提供從腦力激盪構思、生成初稿、樣式編輯、分發內容、復盤研究的全部流程支援，適用於任何需要內容生產的場景和工作，幫助提高內容的生產量、生產效率、點擊率及法規遵循等。

中國的瀾舟科技也是一家針對商業場景數位化轉型、以自然語言處理為基礎提供通用型文本處理服務的公司。根據 2022 年 12 月官網的資訊，瀾舟科技的創始人周明博士是自然語言處理領域的代表性人物，現任中國電腦學會副理事長、中國中文資訊學會常務理事、創新工廠首席科學家，曾任微軟亞洲研究院副院長、國際計算語言學協會 (ACL) 主席。除了創始人擁有優異的科技背景外，其產品體系基於自主研發的「孟子」輕量化的預訓練模型，可處理多語言、多模態資料，同時支援多種文本理解和文本生成任務，能快速滿足不同領域、不同應用場景的需求。孟子模型基於 Transformer 架構，包含 10 億參數量，基於數百 G 級別涵蓋網路頁面、社區、新聞、電子商務、金融等領域的高品質語料訓練而成。「孟子」預訓練模型性能比肩甚至超越千億基礎模型，在文本分類、閱讀理解等各類任務上表現令人驚豔。

6. 輔助型文本處理

與前述需要 AI「腦洞大開」進行創意文本處理的應用不同，輔助型文本處理應用是一種較為羽量級的應用，也是目前中國使用最為廣泛的場景之一。它的主要功能是基於素材

抓取來達成，在很大程度上對寫作者起到了「助手」的作用，比如可以根據需求定向採集素材、文本素材預處理、自動化降重、重新表述潤色等，幫助創作者減輕許多程式性的工作，提升生產力。

Wordtune 就是一款非常典型的輔助型文本處理應用，它的功能是幫助使用者「重寫」句子，對句子進行縮寫或擴寫，使句子在原句意的基礎上更隨意或更正式。Wordtune 由以色列公司 AI21 Labs 構建。AI21 Labs 成立於 2018 年，目標是徹底改變人們的閱讀和寫作方式，用 AI 來理解書面文本的上下文和語義。目前，Wordtune 已經成為很多中國留學生進行論文修改潤色，或者用來練習雅思考試中的同義詞替換的「神器」。

中國公司秘塔科技也推出了 AI 寫作助手「秘塔寫作貓」。根據官網的資訊，秘塔科技於 2018 年成立，創始人閔可銳畢業於復旦大學電腦系，後在牛津大學數學系、美國 UIUC 電子與電腦工程系攻讀碩士、博士學位，在 Google 參與過 AdSense 基於內容廣告建模組點擊率預測專案，還擔任過獵豹移動首席科學家。秘塔寫作貓採用了自研的大規模概率語言模型，根據上下文對可能的用詞進行準確建模，因此

除了文本校對、改寫潤色、自動配圖等協助工具之外，它也具備根據標題生成大綱或文章，以及提供論文、方案報告、廣告語、電商種草文、自媒體文章等寫作範本的能力，是同時具備行銷和續寫能力的文本處理應用。

7. 交互型文本處理

交互型文本處理應用是形式上與上述應用最不同的一個，因為它的產品形態本身存在敘事，交互的過程本身產生意義，而不是像文案寫作程式一樣作為一種生產力工具。對於很多使用者來說，與蘋果的 Siri 語音助手進行對話本身就是一件有意思的事，可以聽 Siri 說出很多有趣的笑話。由此我們可以看出，交互型文本處理應用常應用於閒聊、遊戲等娛樂場景。

第一章提到的 AI Dungeon 就屬於這類應用。2019 年 2 月，就讀於電腦相關專業的尼克‧沃頓 (Nick Walton) 正處於大學最後一年，一次校園程式設計競賽讓他想到基於 OpenAI 剛剛發佈的 GPT-2 模型做一個文字冒險遊戲 AI Dungeon，靈感來源於經典遊戲《龍與地下城》，並用與 AI 文字對話的形式來完成遊戲和故事生成。2019 年 5 月，沃頓創立了

Latitude 公司，並在年底 GPT-2 完全放出後正式推出了 AI Dungeon，又在 GPT-3 推出之後強化了 AI Dungeon 的語義理解和寫作能力。大多數 AI 聊天機器人的玩法是對話，AI Dungeon 則是共同創作故事，玩家可選擇 Say/Story/Do 三種模式，操控自己的角色進行對話、行動，或者只是單純地看 AI 基於上下文生成故事。

　　除了遊戲之外，交互型文本處理應用還能夠生成用於各種場景的虛擬角色，比如心理治療等，中國的代表性公司有第四章提及的聆心智能。聆心智慧由中國 NLP、對話系統領域專家黃民烈教授創辦，公司自主研發了中文對話基礎模型 OPD，該模型是目前世界上參數規模最大的開源中文對話預訓練模型。基於這一模型，公司打造出 Emohaa 情緒療癒機器人，並與心理平臺好心情達成合作，成功實行了中國首款人工智慧心理陪伴數位人；與高級電動車品牌 Beyonca 合作，打造了智能駕駛貼心助手。此外，聆心智慧還推出了「AI 烏托邦」系統，允許使用者快速訂製 AI 角色，只需要輸入簡單的角色描述，就可以召喚出相應人設的 AI，與之進行深度對話和聊天。

8. 程式碼文本處理

　　程式碼是一種特殊的文本形式，許多公司將程式碼相關文本的處理作為切入點展開業務經營。人工智慧進入程式開發環節，有助於消除開發人員之間的 IT 知識差異，可以讓對程式設計語言精通程度不同的團隊更好地協同工作。根據生成式 AI 對程式碼處理環節的滲透程度，可以將程式碼文本處理公司分為三類：程式生成型公司（輔助程式碼撰寫）、程式文件型公司（程式碼轉化成文件）、程式開發型公司（直接參與程式開發）。

　　（1）程式生成型公司

　　Repl.it 就是典型的程式生成型公司。Repl.it 是可以支援 50 多種程式設計語言的線上程式設計語言環境平臺，一直致力於為程式設計師解決程式設計操作問題，使操作更簡便、快捷，可以將它簡單理解為程式設計界的「騰訊文檔」。Repl.it 在全球擁有 1,000 多萬使用者，包括 Google、Stripe、Meta 這樣的科技巨頭。Repl.it 推出了 Ghostwriter，作為 GitHub Copilot 的競爭對手而存在，與 GitHub Copilot 擁有類似的功能。Ghostwriter 可以支援 16 種程式設計語言，包括 C、Java、Perl、Python 和 Ruby 等主流語言。Ghostwriter

的商業模式是作為 Repl.it 的一項付費訂閱服務，每月收費 10
美元，比 GitHub Copilot 更加便宜。

（2）程式文件型公司

程式文件可以幫助開發人員和產品業務部門在溝通協作
時理解程式碼，但它生產起來費時費力。Mintlify 的首席執
行官曾分享道：「我們曾在包括新創公司和大型科技公司在
內的各個階段的公司擔任過軟體工程師，發現軟體工程師都
受到編寫文件的困擾。」Mintlify 就是一家聚焦於解決這種
問題的公司，它由兩位軟體工程師於 2021 年創立，利用自
然語言處理等技術，可以完成使用者所書寫的程式碼，對程
式碼進行智慧分析，生成對應程式碼的註釋。它不僅可以生
成英文註解，還可以生成中文、法語、韓語、俄語、西班牙
語、土耳其語等多種其他語言的註釋。

Stenography 也是一個類似的可以生成說明文件的平臺。
它由工程師布拉姆・亞當斯 (Bram Adams) 構建，旨在讓每個
人都可以輕鬆提取並理解程式碼，降低程式在人與人之間傳
輸方式的摩擦。布拉姆・亞當斯在創立 Stenography 之前曾是
OpenAI 的研究員和開發大使，也曾在有線電視網路媒體公
司 HBO 擔任軟體工程師。

（3）程式開發型公司

Debuild 是典型的程式開發型公司。Debuild 官網的標語是「在幾秒鐘內編寫您的 Web 應用程式」。Debuild 利用 AI 生成技術大幅降低軟體發展門檻。即使沒有接受過程式設計教育的使用者，只需用簡單的英語描述希望應用程式具備的功能，然後在幾秒鐘內 Debuild 就可以生成簡單且可直接使用的應用程式供用戶使用。Debuild 的目標是掃除程式碼輸入的細節，這樣人們就可以專注於創意環節，去暢想他們真正想做的事情，而不是糾結於如何指示電腦去執行細節。

除了通用場景外，在垂直場景也有不少公司受益於生成式 AI 相關技術，例如生物工程與醫療領域的 Enzyme 公司。Enzyme 透過自動生成的機器學習和自然語言技術，可以協助特定編碼結構物質的生成，雖然這裡的編碼結構是生物學意義上的，但也可以看作是一種聚焦工程開發領域的「程式碼合成」。

二、音訊處理

這部分內容主要介紹由 TTS（語音合成）技術來生成的

相關應用，對於與影片處理類似的音訊處理應用，將和影片
處理部分一起介紹。

　　目前，音訊處理主要分為三類：音樂型音訊處理、語音
型音訊處理、解決方案型音訊處理，不少公司專注於該領域。
隨著知識付費和數位音樂逐漸釋放音訊類內容的商業化潛
力，人工智慧技術的應用將大大優化這個細分賽道的供給效
率，有助於提高整體賽道的平均利潤水準。

1. 音樂型音訊處理

　　音訊處理的一大特色是音樂的生成與編輯。Boomy 就是
一家典型的音樂型公司。Boomy 於 2018 年由亞歷克斯・米
切爾 (Alex Mitchell) 和馬修・科恩・聖雷利 (Matthew Cohen
Santorelli) 在加州柏克萊創立。米切爾是一位音樂人，曾創立
過獨立音樂市場研究平臺 Audiokite Research 並於 2016 年被
收購，而聖雷利是一位音樂版權專家。Boomy 使用由 AI 驅
動的音樂自動化技術，讓使用者在幾秒鐘內免費創建和保存
原創歌曲，創建的歌曲可以在 Spotify、Apple Music、TikTok
和 YouTube 等主要流媒體服務中傳播，創作者可以獲得版稅
分成，而 Boomy 擁有版權。值得注意的是，Boomy 並不認為

AI 能替代人類進行音樂創作，而是僅僅作為工具對人類進行輔助，因此 Boomy 的功能既包括協助新手音樂創作者完成詞曲編錄混音，根據設置的流派和風格等參數獲取由系統生成的一段音樂等，也包括讓創作者使用自己的編曲和人聲進行原創。Boomy 在 2022 年 7 月剛剛完成了 110 萬美元的可轉債輪融資。

中國公司靈動音科技 (Deep Music) 也是這個賽道的玩家。靈動音科技成立於 2018 年，創始人劉曉光是清華大學 2009 級化學系大學生、2013 直升博士生；首席測試官苑盛成是清華大學工程物理系博士、美國羅格斯大學人工智慧專業博士後；而靈動音科技也是清華大學電腦系智慧財產權轉化的公司。憑藉優異的背景出身，靈動音科技在成立之初就獲得了華控基石基金、清華校友李健數百萬元天使投資，並在 A 輪中又獲騰訊音樂娛樂、完美世界的投資，目前業務在全民 K 歌已經開始實行。靈動音科技運用 AI 技術提供作詞、作曲、編曲、演唱、混音等服務，旨在降低音樂創作門檻。目前，靈動音科技的生成式 AI 產品包括支援非音樂專業人員創作的口袋音樂、為影片生成配樂的配樂貓、可 AI 生成歌詞的 LYRICA、AI 作曲軟體 LAZYCOMPOSER 等。

2. 語音型音訊處理

　　與音樂型公司主打音樂創作賽道不同,語音型公司具有更強的泛用性與更多元的應用場景,典型的應用場景就是聲音複製。Resemble.AI 就是一家專注於聲音複製的公司,它於 2019 年在美國加州成立,並且已在種子輪中獲得 200 萬美元的投資。

　　Resemble.AI 使用專有的深度學習模型創建自訂聲音,可以產生真實的語音合成,並完成包括為聲音增加感情、把一個聲音轉化為另一個聲音、把聲音翻譯成其他語言、用某個特定聲音給影片配音等多種語音合成功能。

　　WellSaid Labs 公司也是一家製作聲音複製產品的公司。WellSaid Labs 開發了一種文本轉語音技術,可以從真人的聲音中創造出生動的合成聲音,產生與原說話人相同的音調、重點和語氣的語音,從而提高團隊合作配音的品質和效率。WellSaid Labs 於 2018 年在美國成立,2021 年 7 月在 A 輪融資中獲得了 1,000 萬美元的投資,投資者包括 FUSE、Voyager Capital、Good Friends 和 Qualcomm Ventures,投資後估值為 5,834 萬美元。

3. 解決方案型音訊處理

標貝科技是一家典型的解決方案型公司，可以為各種類型的音訊處理需求提供人工智慧解決方案。標貝科技於 2016 年由劉博創立，目前已推出包括通用場景的語音合成、語音辨識、高音色 TTS 訂製、聲音複刻、情感合成和聲音轉換等在內的語音技術產品，其解決方案覆蓋智慧駕駛、智慧客服、娛樂媒體、多人會議、多語種識別等多個領域，同時還研發了可以應用於博物館等場館講解的虛擬數字人。標貝科技於 2022 年 10 月完成 B1 輪融資，此輪投資者包括基石創投、聯儲創投，過往輪次投資者包括深創投、恆生電子、信雅達、凱泰資本。

三、影像處理

圖片因其創作門檻比文字高，資訊傳遞更直觀，所以在傳統商業世界中的商業化潛力總體而言比文字更高。隨著越來越多的生成式 AI 相關技術應用到圖片創作領域，影像處理也將從廣告、設計、編輯等角度帶來產業的商業化機遇。

1. 生成型影像處理

影像處理的第一類典型賽道也是對 AI 創造性要求最高的一類——生成型影像處理。Stable Diffusion 和 Midjourney 就是典型的生成型影像處理應用。

Stable Diffusion 是 Stability AI 公司旗下的產品，具備強大的圖像生成能力和開源屬性，這使它成為眾多廣告從業者生成圖片的生產力工具。相比訂閱制的 Midjourney、付費也未必能用得上的 DALL・E 2，Stable Diffusion 憑藉極為罕見的開源特徵，積累了相當規模的使用者群體和開源社區資源。Stability AI 的創始人兼首席執行官艾馬德・莫斯塔克 (Emad Mostaque) 具有優良的教育背景與工作背景，不僅取得了牛津大學的數學與電腦碩士學位，還曾擔任多家對沖基金經理，而對沖基金也是 Stability AI 早期的資金來源之一。截至 2022 年 10 月，Stablility.AI 已獲得來自 Coatue 和光速的 1.01 億美元投資，且估值將達 10 億美元。Stablility.AI 目前已與亞馬遜雲端科技達成合作，繼續構建圖像、語言、音訊、影片和 3D 內容生成模型。

Midjourney 由大衛・霍茲於 2021 年創立，他曾是著名公司 Leap Motion 的創始人和首席執行官。在運營 Leap Motion

的 12 年間，大衛曾兩次拒絕蘋果公司的收購。Midjourney
產品的圖像生成能力極強，與 DALL・E 2、Imagen、Stable
Diffusion 等替代方案不相伯仲。同時，Midjourney 的商業化
非常成熟，依靠會員訂閱制進行收費，並提出了明確的分
潤模式（商業變現達到 2 萬美元後需要 20% 分潤），目前
不需要任何融資就能進行正常運轉和盈利。Midjourney 搭載
在 Discord 社區上，使用者主要透過 Discord 的 bot 機制，透
過提交提示詞（Prompt）獲得圖片。截至 2022 年 12 月，
Midjourney 已經在 Discord 上擁有 543 萬位成員。

中國也有類似的創業公司，並且能夠提供更全面的解決
方案。詩云科技成立於 2020 年 12 月，總部位於深圳，已獲
得 IDG 資本、紅杉中國種子基金和真格基金的投資。詩云科
技的主要產品是內容生成引擎 Surreal Engine，核心技術是深
度學習和圖形學，比如自然語言理解、3D 建模、神經輻射
場、GAN、神經渲染等。詩云科技的典型業務是透過內容生
成技術幫助客戶生成圖片和影片。

2. 廣告型影像處理

除了專業的生成型影像處理應用之外，與文字生成應用

類似，影像處理應用也包含了許多專注於細分賽道的產品，比如廣告。AdCreative.AI 是一家廣告型影像處理公司，其產品能夠透過 AI 高效地生成創意、橫幅、標語等，還能夠在連接 Google 廣告和 Facebook 廣告帳戶後即時監測廣告效果，但更多時候它需要依靠範本，採取的商業模式也是常見的付費訂閱制。

　　總的來說，廣告型影像處理與生成型影像處理存在一定的包含關係，但前者的泛用性與前景不及後者。

3. 設計型影像處理

　　設計型影像處理的主要客戶群體是設計師這類小眾使用者群體，而 Diagram 公司就是推出這類應用的典型公司。Diagram 公司提供的產品 Magician 很好地展現了設計型圖形處理應用的使用場景。Magician 的主要功能是使用 AI 達到文本生成圖示、文本生成圖片、生成與轉寫文案等設計效果。想像一下做 PPT 時找不到合適的圖標和配圖的那種痛苦，也就不難理解為什麼 Magician 只有三種功能，卻依然對於設計師而言有強烈吸引力了。Magician 的商業模式也是簡單的訂閱制收費模式。

　　中國公司 Nolibox 計算美學也是一家專注於 AI 智慧設計的公司，成立於 2020 年，已獲得初心資本的天使輪投資以及高瓴創投的 Pre-A 輪投資。Nolibox 計算美學已獲得德國 iF 獎項、DIA 中國設計智造獎項等設計大獎。公司的主要產品是智慧設計平臺——「圖宇宙」，主打的賣點是「懶爽」，即相比於 Adobe、Figma、Canva 等中高門檻設計平臺，任何人只要會打字就可以使用，AI 在其中可以根據使用者需求和喜好提供推薦素材、調整設計。2022 年 10 月，Nolibox 推出 AI 創作平臺「畫宇宙」，已接入百度文心 AI 繪畫基礎模型 ERNIE-ViLG 2.0，核心功能為文本生成圖像，功能上與 Stable Diffusion、Midjourney 具有一定相似性。

4. 編輯型影像處理

　　編輯型影像處理應用以 PhotoRoom（一款手機 APP）為代表。PhotoRoom 的核心功能是，使用者只需輕輕一按，即可刪除背景並合成一張展示產品或模型的圖像。例如，當你在一個亂七八糟的房間裡自拍，然後想把照片背景換成純色背景用於證件照，那你就可以用 PhotoRoom 一鍵修圖並更換背景。雖然 PhotoRoom 的功能較為單一，但它的主打編輯功

能以及普通使用者用手機 APP 就可以輕鬆上手的特性讓這家公司獲得了資本青睞。總部位於法國巴黎的 PhotoRoom 已於 2022 年 11 月宣佈獲得 1,900 萬美元的 A 輪融資，投資方包括 Balderton Capital、Meta、Adjacent、Hugging Face。

四、影片處理

隨著 5G 時代的到來，人們花在觀看影片的時間已經逐漸超過圖文，影片也正在成為移動網路時代最主流的內容消費形態。因此，利用 AI 生成影片是應用拓展層的賽點，也是技術難度最大的模態。

1. 生成型影片處理

從原理上來說，影片的本質是由一幀幀圖像組成的，所以影片處理本身就與影像處理有一定的重合性。因此，與影像處理類似，生成型影片處理也是影片處理領域裡對於 AI 技術、「創造力」要求最高，同時也最受資本看好的賽道之一。生成型影片處理賽道中最典型的公司是 Runway，這家公司由三個智利人於 2018 年年底在紐約創立，其雛形是他

們在紐約大學進行開發的論文專案。Runway 目前已通過 3 輪融資，籌集了 9,350 萬美元的資金。2022 年 12 月 C 輪融資 5,000 萬美元後，Runway 估值高達 5 億美元。Runway 的影像處理功能與 Jasper 產品有一定的重合性，包括文字生成圖片、圖片生成圖片等，它的獨特競爭優勢在於它同時具備影像處理、影片處理、音訊處理的能力。Runway 在影片處理中依靠 Magic Tools 這一 AI 工具外掛程式，能夠執行影片編輯 (Video Editing)、綠幕特效 (Green Screen)、影片修復 (Inpainting)、動作捕捉 (Motion Tracking)，效率遠超傳統影片軟體 AE。同時 Runway 也具備文字生成影片這一跨模態能力，但實際效果遠不及文字生成圖像。

另一家生成型影片處理賽道的公司是 Plask，這家於 2020 年成立的韓國公司主打 AI 動作捕捉技術這一細分領域，可以識別影片中人物的動作並將其轉換為遊戲或動畫中角色的動作。Plask 的收費模式除了典型的訂閱制之外，還提供 API 和 SaaS 工具。Plask 最近一輪融資是 2021 年 10 月種子輪融資 256 萬美元，投資者包括 Smilegate Investment、NAVER D2 Startup Factory、CJ Investment 和 KT investment。

2. 編輯型影片處理

　　生成型影片處理應用主要供需要創意的人員使用，包括電影製作人、設計師、藝術家、音樂家等；編輯型影片處理應用與生成型影片處理應用相比，雖然藝術性與創造性減少，但能夠非常直接地提高生產力，尤其是對於需要做影片、Podcast 的創作者來說十分重要。

　　Descript 就是一家典型的編輯型影片處理公司，這家於 2017 年成立的美國公司在種子輪就獲得了 a16z 的投資，並在 2022 年 10 月 C 輪融資中又獲得了 5,000 萬美元的投資，由 OpenAI 領投，a16z 等跟投，融資後估值達到 5.5 億美元。Descript 最早是為 Podcast 音訊做編輯工具起家，後來才延伸到影片工具領域，在眾多機構投資者中也有許多做 Podcast 和影片的個人投資者。Descript 的主要商業模式也是 2C 的訂閱制，但也有 2B 的業務，比如為《紐約時報》、Shopify 等媒體和企業提供服務。Descript 產品的主要功能包括影片編輯、螢幕錄影、Podcast、轉譯四個區塊。在目前的新版本中，Descript 產品還融入 AI 語音替身、AI 綠幕功能以及幫助使用者編寫腳本的作家模式等生成式 AI 相關功能。

　　另一家典型的編輯型影片處理公司是 InVideo，由哈

什・瓦哈里亞 (Harsh Vakharia) 在 2017 年創立。哈什・瓦哈里亞曾是一家印度餐飲市場初創企業 MassBlurb 的創始人。InVideo 為出版商、媒體公司和品牌提供了一個影片創作平臺，使用者不需要任何技術背景就可以從頭開始創建影片。在使用者輸入靜態文本之後，AI 可以根據輸入的內容按照預先設定好的主題將文本轉換為影片，並添加母語的自動配音。InVideo 在 A 輪融資中籌集了 1,500 萬美元，投資者包括紅杉資本印度公司、Base Partners、Hummingbird Ventures、RTP Global 和 Tiger Global Management。

3. 虛擬人型影片處理

　　虛擬人型影片處理是影片處理中一個特殊的細分賽道，主打為影片生成虛擬形象。這個賽道有兩家典型公司：Hour One 和 Synthesia。

　　Hour One 是一家於 2019 年成立的以色列公司，開發依據真人創建高品質數位角色的技術，生成基於影片的虛擬角色，主打「數字孿生」。Hour One 由奧倫・阿哈龍 (Oren Aharon) 和利奧爾・哈基姆 (Lior Hakim) 創立，奧倫・阿哈龍擁有以色列理工學院的博士學位，曾擔任一家研發心內微型

電腦 V-LAP 的醫療設備公司和一家開發 5G 蜂巢式網路及無線射頻技術的數位技術公司聯合創始人。利奧爾・哈基姆曾在電腦硬體製造業公司 cdride 和金融服務公司 eToro 就職。讓 Hour One 一戰成名的是在 2020 年國際消費類電子產品展覽會 (CES) 中的「真實或合成」(real or synthetic) 相似度測試，Hour One 合成的虛擬人和真實人類看起來幾乎沒有差別。同年，Hour One 獲得種子輪 500 萬美元的融資。2022 年 4 月，Hour One 完成了 A 輪 2,000 萬美元的融資。目前，Hour One 的主要產品是 Reals 自助服務平臺，主要功能包括創建虛擬人，以及輸入文本自動生成相應的 AI 虛擬人演講影片。

　　另一家典型的虛擬人型影片處理公司是 Synthesia，這家於 2017 年成立的英國公司已在 2021 年 12 月完成 B 輪 5,000 萬美元的融資，投資方包括 Google Ventures、Kleiner Perkins Caufield & Byers。Synthesia 由丹麥企業家維克多・里帕貝利 (Victor Riparbelli) 和史蒂芬・傑里爾德 (Steffen Tjerrild) 創立，聯合創始人還包括倫敦大學學院電腦科學系教授和慕尼黑工業大學視覺計算與人工智慧教授，可以說技術背景相當強大。目前，Synthesia 的主要產品是 2B 端的 SaaS 產品 Synthesia STUDIO，主要應用於企業傳播、數位影片行銷和

廣告當地語系化。Synthesia 的一個典型案例是為樂事洋芋片製作名為《Messi Messages》的線上影片，只需要梅西錄製 5 分鐘影片作為素材範本，Synthesia 就可以生成並讓使用者收到來自梅西頭像發送的客製化比賽觀看邀請。

4. 解決方案型影片處理

解決方案型影片處理應用可以綜合上述多種影片處理應用的功能，但會根據不同企業客戶的需求訂製產品與解決方案，這也是現在許多中國 AI 公司的商業模式。兩個典型的解決方案型影片處理公司是影譜科技和帝視科技。

影譜科技成立於 2009 年，將生成式 AI 作為通用技術元件支撐通用業務需求，將整個功能堆疊整合在一起，提供端到端解決方案。簡單來說，影譜科技基於生成式 AI 引擎和 AI 數位孿生引擎 ADT 完成 AI 影片或 AI 孿生體的構建，然後根據客戶需要應用於虛擬人物、新聞視覺化、賽事分析、虛擬遊戲等場景。2018 年，影譜科技完成 D 輪 13.6 億元的融資，創 AI 影像生產領域最高融資紀錄，投資方包括商湯科技、軟銀中國等十餘家投資機構及戰略夥伴，並與商湯科技簽訂獨家戰略合作協定。

　　帝視科技成立於 2016 年，主要業務為超高清影片製作與修復，融合了超解析度、畫質修復、HDR ／色彩增強、智慧區域增強、高幀率重製、黑白上色、智慧編碼等一系列核心 AI 影片畫質技術。帝視科技的主要 B 端客戶包括中央電視臺、北京廣播電視臺、河南廣播電視臺、福建省廣播影視集團、中國電信、中國移動、華為等。帝視科技還為實體經濟客戶提供基於 AI 的智慧竹條精選機器人、汽車玻璃碎片智慧掃描器等軟硬體解決方案。簡單來說，帝視科技為電視臺等企業客戶提供超高清影片解決方案，並為其他客戶提供訂製化軟硬體解決方案。2021 年 8 月，帝視科技完成近億元 B 輪融資，由海松資本領投。

第六章
生成式 AI 的未來

如何從技術、創業、投資、監管等方面
看待生成式 AI 的未來？

我從來不想未來，因為它來得太快。

——阿爾伯特・愛因斯坦 (Albert Einstein)

　　得益於生成式 AI 相關技術的迅猛發展，智能創作時代正在緩緩拉開序幕。當我們能夠或多或少窺見人類與人工智慧攜手創作的美好未來時，我們也需要保有一份對未來的思考，這份思考將幫助我們走得更遠、更穩。

　　本章將從技術趨勢、參與主體、風險與監管三個角度展望智能創作時代的未來。

第一節　生成式AI的技術趨勢

　　生成式 AI 起源於技術，也因為技術的高速演進得到了迅猛的發展，迎來了全面商業化實行的今天。憶古而思今，回望生成式 AI 的技術演進脈絡，發掘其中潛藏的未來趨勢，可以讓我們善加規劃明天。

一、基礎模型的廣泛應用

　　人工智慧的發展經歷過多次春天與寒冬，每一次春天與寒冬的交織都與「通用化」和「專用化」的分歧息息相關。一方面，「通用化」人工智慧代表著人類對於未來的美好暢想，但在每個階段都會遇到不可跨越的瓶頸；另一方面，「專業化」人工智慧可以帶來更好的應用執行，但從技術演進的發展週期來看，它只是幫助科技開枝散葉的加速器，並非科技應該奔赴的未來。在「通用化」與「專業化」矛盾交織的過程中，人工智慧的技術一直進步著。

　　而當我們將眼光收束到 20 世紀的前二十年，我們不難發現相似的演進趨勢。為了推動人工智慧快速實行，各類人工智慧企業都遵循著類似的應用模式：基於特定的應用場景收集特定的資料，再利用這些資料訓練演算法模型，最終解決特定的任務。誠然，這樣的應用模式在初期確實取得了顯著的應用效果，但隨著越來越多複雜場景的出現，尤其是與生成內容相關的應用場景，這種模式就會顯得力不從心。在這種情況下，人工智慧陷入了「手工作坊式」的應用怪圈，針對什麼任務訓練什麼模型，複雜的任務就拆分成多個簡單任務進行拼合連接。這雖然符合一般的工程思想，但也越來越偏離人工智慧的初衷，這種專業化、碎片化的下游應用嚴重阻礙了人工智慧產業化的發展。

　　在這樣的情況下，主打「通用化」的基礎模型在時代的浪潮下孕育而生。「預訓練基礎模型＋下游任務微調」的方式，人們可以讓模型從大量標記和未標記的數據中捕獲知識，並在微調後將模型的能力遷移到各類任務場景中，極大地擴展了模型的通用能力。如果說這種「預訓練＋微調」的模型訓練方式使基礎模型的廣泛使用成為可能，那模型規模的增長則讓這些基礎模型變得強大無比。現在，這些基礎模

型通常都有著數以百萬乃至數千億為單位的參數量，這些模型在接受了海量數據的訓練後，能夠捕獲數據中更加深層次的複雜規則和關係，從而能夠勝任各種類型的複雜任務。有三大因素促使了這類基礎模型的產生：

• 電腦硬體的改進，以及 GPU 等處理器算力的增加令如此規模的基礎模型訓練成為可能。

• Transformer 等重要模型架構的出現讓人們可以利用硬體的並行去訓練比以前更具表現力的模型。

• 網路與大數據的高速發展提供了豐富的資料，可以支撐基礎模型的規模化訓練。

如今，正是這些基礎模型的快速發展讓生成式 AI 變成現實，並且逐漸深入我們的日常生活。正如前文所言，基礎模型在資料中捕捉更廣泛、更精細的規律和關係，生成更多樣化且更真實的輸出。這種技術的應用使得生成式 AI 在很多情況下能夠生成與人類相媲美且無法辨別出不同的優質內容，也使得本書中所談到的眾多行業應用成為可能。基礎模型使得生成式 AI 變成現實的例子比比皆是。由 OpenAI 所發

佈的 GPT-3 就是一個 1,750 億參數量的基礎模型，能夠生成大量被廣泛應用的文本內容，可以用於創作文章、詩歌和程式碼等。除此之外，中國不少公司也紛紛推出了自己研製的各類基礎模型。百度文心基礎模型系列就是典型的例子，這類由百度研發的產業級知識增強基礎模型，涵蓋自然語言處理、機器視覺、跨模組任務、生物計算、行業應用等多種 AI 應用場景，不少模型參數量可以達到百億乃至數千億規模，得到了許多企業的廣泛應用。

　　基礎模型之「大」除了體現在參數規模上，同樣也體現在數據量上。過去，數據一直是機器學習模型的重要瓶頸，因為針對特定的任務場景，需要人工進行大量數據的標註才能讓機器完成學習，許多業內專家將這種現象戲稱為「人工智能就是大量人工才能換來的智能」。但人力終有窮時，依靠人工的數據標註難以支撐基礎模型的訓練，許多基礎模型的訓練開始採用綜合監督學習和無監督學習的方式，例如「無監督預訓練，監督微調」的方式，減少對標註數據的依賴。同時，除了在數據標註角度的革新外，許多基礎模型在訓練資料的選取上也更加別出心裁，充分利用網路上自然生成的 PGC、UGC 內容進行訓練，以獲得更加豐富的可用資

料和更加自然的語言表達。

　　無論是模型角度還是數據角度，基礎模型的發展都為生成式 AI 賦予了充分的想像空間，而伴隨著智能創作時代的全面來臨，基礎模型的發展也許將會為我們帶來更多的驚喜。

二、全新的人工智慧「仿人模式」

　　當人類想要打造人工智慧時，一個非常直接的思維是去讓機器模仿人來獲取智慧的學習方式。這種「仿人模式」一直都是人工智能新的演算法模型的重要想法來源，也是技術發展的重要推動力。人工智慧的發展史，可以說是機器模仿人類的歷史，科學家嘗試用各種方式讓機器刻畫人、模仿人。而縱觀機器對人的模仿歷程，我們可以清晰地看到它從微觀層面的僵硬模仿，逐漸發展為宏觀層面的認知模式借鑒，實現了這一技術原理的躍遷。

　　在人工智慧早期，符號主義方法占據了主導地位，這類方法的根本思想源泉就是「人的智慧就是來自邏輯規則」，模仿人的智慧也就是模仿人的邏輯規則，人們妄圖盡可能多

地設置邏輯規則，最終讓機器具有一定程度的邏輯判斷能力和智慧。雖然符號主義確實取得了一定成功，但由於人們無法定義人類智慧的所有規則細節，它很快在歷史的長河中被淘汰。就以語言翻譯的任務為例，為了準確地將一個句子從一種語言翻譯成另一種語言，需要讓系統包含這兩種語言的所有語法和語法規則。然而，這些規則通常有許多細微差別和例外情況，利用規則的界定讓系統變成強大可用的工具是一件極其複雜和困難的事情。因此，基於規則的系統往往難以完成具有高度細微差別或靈活性高的任務。

連接主義則從更高的抽象層次去定義人工智慧。智慧產生於人腦，而人腦構成的神經節點促使了人類具備思考的能力，因此應該讓機器去模仿人腦的結構而非人腦所表現出來的規則。雖然連接主義在發展初期遇到了諸多阻礙，發展至今也已經與當初的出發點相去甚遠，但人工神經網路時至今日的蓬勃發展在一定程度上也驗證了當初這種高度抽象化思考模式的成功。

後來，諸多人工智慧各領域的發展也見證了這種在宏觀層面模仿人類智慧的想法是正確的。基於人類學習而獲得智能，誕生了機器學習；基於人類在學習過程中會有激勵和懲

罰，這些激勵和懲罰會不斷強化人類的能力，出現了強化學習；基於人類在接受資訊時往往會將注意力集中在重要的資訊上，產生了當代主流基礎模型的根基——Transformer；基於人類在學習認圖時並非學習照片細節的紋路，而是直接被不斷告知關於圖片中物體的描述，誕生了 AI 繪畫的奠基性模型——CLIP 模型。

總之，從領域開拓到細分應用，從模仿人類的學習過程到模仿人類的認知方式，人工智能逐漸從更宏觀、更抽象的維度從人類身上汲取營養。伴隨著人類對於自身智慧產生根源的通曉，我們相信人工智慧相關技術又會迎來一次前所未有的飛躍，為未來的生成式 AI 帶來更多的可能性。

三、技術倫理成為發展的重要關注點

生成式 AI 技術的發展無疑是革命性的。它可以改善我們的日常生活，提高生產力，但也面臨著諸多技術倫理方面的挑戰，並且越來越受到科學家的關注。許多生成式 AI 從學術研究轉向產業研究的第一步，就是探索如何從技術角度解決潛在的技術倫理問題。

　　一個典型的生成式 AI 技術倫理問題是 AI 生成內容的危險性。OpenAI 的最早聯合發起人以及 DeepMind 的早期投資人伊隆‧馬斯克曾表示：「如果不加以控制，AI 或許很有可能會摧毀整個人類。」事實上，我們也的確看到一些人工智慧表現出了這種危險性。微軟在 2016 年發佈了 Tay 人工智慧，讓它能以 Twitter 學習社會上的資訊並與他人即時互動。令人意想不到的是，Tay 在短短 24 小時內就從一個可愛且崇拜人類的機器人，變成了一個充滿種族仇恨的人工智慧，並且發表了一些具有納粹傾向的種族主義言論。為了控制 Tay 對人類社會的有害影響，微軟不得不緊急關閉了它。

　　科學家正嘗試運用一些技術手段避免這些具有潛在風險的事件發生。改善數據集，增加更多的限制性條件，以及對模型進行微調，可以使得人工智慧減少對於有害內容的學習，從而減少人工智慧本身的危險性。甚至我們可以「教會」人工智慧如何更尊重他人，減少判斷當中的偏見，從而更好地和人類相處。借鑑強化學習思想的 RLHF 方法就是減少人工智慧生成危害性內容的典型措施，前面反覆提及的 ChatGPT 就是採用這種方式訓練的。在 RLHF 的框架下，開發人員會在人工智慧做出符合人類預期回答時給予獎勵，而

在做出有害內容的回答時施加懲罰，這種根據人類回饋訊號直接優化語言模型的方法可以給予 AI 積極的引導。然而，即便採用這種方式，AI 生成的內容也有可能在刻意誘導的情況下輸出有害的內容。以 ChatGPT 為例，在一位工程師的誘導下，它寫出了步驟詳細的毀滅人類計畫書，詳細到入侵各國電腦系統、控制武器、破壞通訊和交通系統等等。如果說這種情況可能來自一些科幻小說訓練數據的影響，這種荒誕性的內容並不具有足夠的社會危害性，那麼另一些工程師發現的漏洞可能更加引人警醒。這些工程師發現，如果採取特殊形式進行提問或加上一定程式碼的首碼，就可以繞過聊天機器人的安全系統，讓其自由地輸出有害內容。同時，還有一些人表達了對 RLHF 這類安全預防性技術措施的質疑，他們擔憂足夠聰明的人工智慧可能會模仿人類的偽裝行為來繞過懲罰，在被監視的時候假裝是好人，等待時機，等到沒有被監視的時候再做壞事。

　　除了從訓練角度對生成式 AI 潛在技術倫理問題進行預防外，在使用上及時告警停用的技術措施更顯必要。生成式 AI 產品應該對生成的內容進行一系列合理檢測，確保其創作內容不被用於有害或非法目的，一旦發現此類用途，人工智

慧應該可以立刻識別，停止提供服務，並且給出警告甚至聯繫相關監管或者執法機構。例如，將生成式 AI 用於考試作弊、發佈大量騷擾資訊、偽造他人虛假的裸體照片、生成槍支構造圖及 3D 列印代碼等行為都是應該被避免且監管的。當然，這些潛在的風險不僅需要技術層面的預防，還需要相關法律規範的頒佈。生成式 AI 技術倫理問題的解決需要學界、業界、社會、政府的共同努力。

第二節　生成式AI時代的參與主體

一、生成式 AI 時代的創業者

　　隨著生成式 AI 相關內容的爆紅與擴散,網路巨頭聞風而動,國外的微軟、Google、Meta,以及中國的百度、騰訊、字節跳動等大廠都在生成式 AI 領域有所投入。不少創業者也在其中看到了商機,並想從中「掘金」。不過,相比於大廠擁有雄厚的研發資金、成熟的研發團隊,創業公司的路走得似乎會更艱難。

　　目前,生成式 AI 新創公司的產品大多是基於市面上現有的開源模型進行二次開發。雖然這種方式可以幫助創業公司快速開發出一個可用的生成式 AI 產品,但也會讓開發出的產品從技術角度失去韌性的技術壁壘,令短週期內的競爭達到非常激烈的水準。Stable Diffusion 產品模型的「大開源」事件就是一個典型,在它選擇開發核心 AI 演算法模型、核心訓練數據集以及 AI 生成圖片的版權,並讓全世界所有

普通人、創業者、商業團體可以隨心所欲地完成對 Stable Diffusion 的部署、運行、改進和商業化後，一時間市面上出現了上百家基於 Stable Diffusion 的 AI 繪畫公司，這導致了 AI 繪畫工具的氾濫、產品利潤低以及嚴重同質化的問題。這是生成式 AI 賽道創業的一個縮影，這個縮影反映出，打造產品在細分賽道的差異化及尋找適合執行的商業化場景，將成為這些創業公司競爭的關鍵。

　　除了競爭方面，商業模式的設計也是困擾很多生成式 AI 創業者的核心難題。除了傳統工具產品的付費模式外，目前尚無讓人耳目一新的盈利方式。以 AI 繪畫領域的頂尖公司 Stability AI 和 Midjourney 為例。Stability AI 雖然徹底開源了 Stable Diffusion 的工具，但同時也推出了付費 AI 繪畫產品 Dream Studio。在 Dream Studio 中，任何人都不需要安裝軟體，只需要具備編碼知識就可以使用 Stable Diffusion 來生成圖像。同時，使用者還可以對生成圖像進行解析度調整等。Dream Studio 產品的付費模式主要是積分制，首次註冊後可以一次性獲得 100 積分，大約可以供使用者生成 500 張左右圖像，但根據生成步驟和圖像解析度的不同，單個圖像的收費可能會存在差異。如果使用者消耗完所有積分，可

以選擇花費 10 美元去購置 1,000 積分來繼續使用產品。而 Midjourney 則採用了較為常見的訂閱制，新的使用者可免費生成 25 張圖片，之後如果想要繼續使用可以選擇按月或者按年訂閱 Midjourney 的會員，一共有基礎版、標準版和進階版三個版本的會員可供選擇，以月訂閱的基礎版為例，每月支付 10 美元大約可以生成不到 200 張圖像。

　　然而，無論是積分制還是會員訂閱制，如果僅僅照搬這類公司的商業模式，生成式 AI 創業公司很難在短期內取得成功。一個重要的原因是，這些平臺已經積累了龐大的使用者數量。根據 2022 年 10 月網路上的新聞報導資料，Stability AI 的開源工具 Stable Diffusion 每日活躍使用者人數已經超過了 1,000 萬，而其付費產品 Dream Studio 也已經擁有 150 萬左右的使用者人數。而 Midjourney 的情況也類似，在 2022 年 12 月初，其社區成員數量就達到了 500 萬。

　　此外，另一個不適合新創公司模仿的原因在於，Stability AI 和 Midjourney 的大部分使用者都聚集在 C 端，這些使用者使用生成式 AI 的產品更多是為了娛樂，嘗試新鮮好玩的東西，但是付費意願較低，難以轉化成真正的付費使用者。對於 Stability AI 和 Midjourney 來說，作為行業的龍頭公司，

它們已經融資了數億美元，在現金流方面不會有很大壓力，相較於占用使用者心智，專注於生成式 AI 技術的打磨和突破可能對它們更加重要。但絕大多數生成式 AI 初創平臺都還屬於快速積累原始使用者的階段，同時不少創業者還面臨著快速變現的壓力，需要穩定的現金流才能使團隊有能力不斷疊代產品。因此，許多生成式 AI 創業公司並不是在產品研發完成之後，而是要在設計產品之初就考慮可行的商業模式，在這種情況下，照搬 Stability AI 和 Midjourney 的模式就並非好的選擇。

目前來看，相較於針對 C 端使用者，生成式 AI 在 B 端服務方面的變現模式反而更具有可行性。傳統產業迫切需要生成式 AI 技術來達成降低成本、增加效益，許多公司對於能夠提升業務效率或顯著降低業務成本的技術具備極高的付費意願。而且，因為行業及業務邏輯存在明顯的差異，而主流的生成式 AI 模型都較為通用，如果能針對特定的業務需求研發產品，仍然存在很大的機會。所以，對於創業者來說，找到一個可以實行的商業場景，並且鎖定一個細分場景對生成式 AI 進行訓練，做出產品在特定領域的差異化，這是商業化實行的最好方式。

比如新創公司 Jasper 就提供了生成 Instagram 標題、編寫 TikTok 影片腳本、編寫廣告行銷文本等針對 B 端媒體場景的客製化服務。正如前文提及的，截至 2021 年，Jasper 已經擁有超過 7 萬客戶，包括 AIrbnb、IBM 等知名企業，並創造了 4,000 萬美元的收入。由此可以看出，創業公司雖然在巨頭的夾擊下生存並不容易，但憑藉著獨特的優勢和機遇，在特定領域中依然有可能成為新晉獨角獸。隨著技術的升級、產品的成熟，生成式 AI 新創公司的產品會在特定場景中得到應用，商業價值也會不斷地被挖掘出來。

二、生成式 AI 時代的投資人

2022 年 9 月，紅杉資本發表了一篇名為《生成式 AI：一個創造性的新世界》的文章，描述了生成式 AI 所帶來的龐大投資機會：「夢想是生成式人工智慧將創造和知識工作的邊際成本降至零，進而產生巨大的勞動生產率和經濟價值——以及相應的市值。」「生成式人工智慧有可能產生數萬億美元的經濟價值。」儘管這些表述帶有對美好未來暢想的成分，但伴隨著即將來臨的智能創作時代，生成式 AI 確

實孕育了豐富的投資機會。

這一次生成式 AI 投資爆發的浪潮主要源於基礎模型的普及化革命，許多新型尖端模型的開源和使用促進了眾多創業公司的生長。資本永遠追隨著這種快速增長的趨勢而去，即便這些公司的底層基於共同的技術和資料，但這並不妨礙風險投資機構對於科技領域這一新興機會的關注，在 GPT-3 模型發佈的兩年多以來，風險投資資本對生成式 AI 的投資就增長了 400% 以上。

不過，對於當前的生成式 AI 領域，投資人依然需要避免陷入「拿著錘子找釘子」的誤區。一個好的投資標的未必是運用先進技術的公司，而是可以確定實際的終端使用者需求到底是什麼、技術如何更好地製作產品並滿足使用者需求的公司。即便市場的普遍認知更加看好基礎模型的未來發展，但商業化最終的理想出路究竟是「更大」還是「更專」尚未有定數，一些技術並不亮眼但能更好地解決使用者痛點的公司同樣值得關注。

就使用者需求高的商業場景來說，C 端和 B 端都聚集著豐富的投資機會。從 C 端來看，文本、音訊、圖像、影片四大模塊的創新進展層出不窮，但相較於漂亮的敘事和鋪天蓋

地的行銷，投資人更應該把視角放在生成式 AI 產品為使用者創造的可持續價值上。新奇的概念和出眾的行銷很容易挑動 C 端使用者的神經，讓產品在短時間內迎來爆發性增長。然而，當使用者習慣於生成效果，新鮮感冷卻之後，非常容易被新的競品吸引而離開。在這個技術尚不能構成核心技術壁壘的賽道，如何讓使用者有動力持續使用產品才是制勝的關鍵。而從 B 端來看，生成式 AI 產品的「生產力工具」屬性將更加濃厚，區別於 C 端消費主義色彩更加濃厚的應用方式，B 端的生成式 AI 公司直面的是一群理性至極的客戶群體，能夠更好地回答「產品是怎樣為企業降低成本、增加效益」這一核心問題的公司將更加受到投資人的青睞。切實提升業務生產效率或者降低業務成本的公司將具備難以想像的成長潛能，借助「合作夥伴 + 生態 + 賦能行業」的傳統打法，這類公司很容易就在這個新興賽道殺出一片天地。而對於這類具有潛力的公司的投資判斷，會更加考驗投資人對於 B 端業務本身的熟悉程度，這樣才能對生成式 AI 工具的業務價值理解得更加透徹。

除了關注新興的生成式 AI 公司是如何切入 C 端和 B 端市場之外，傳統業務發展順利的公司如何引入新興的生成式

AI 工具同樣值得投資人留意。例如，知名知識管理領域的獨角獸 Notion 推出的 AI 寫作助手就非常值得投資人的關注。許多使用者表示，Notion 內置的 AI 文字編輯器比很多獨立的應用程式更好用，它可能會成為許多文本生成類新創公司強有力的競爭對手。截至 2022 年，Notion 的全球使用人數已經突破 2,000 萬，投資者在投資相關賽道時顯然需要考慮這樣一個百億美元獨角獸帶來的行業衝擊。因此，在這樣的市場環境下，投資人需要將生成式 AI 的生意本質和產業環境相結合，從單純追求最佳商業模式的一維象限視角，升級為審視使用者、生意、市場最佳組合的多維視角，綜合評估生成式 AI 產品在所處環境中的價值。

當然，對於很多投資人來說，投資生成式 AI 可能著眼的並非當前的特定應用場景，而是未來技術突破帶來的生產力變革機會。不過，歷史的發展已經證明了人工智慧技術突破的長週期性，而考慮到人民幣基金 5～7 年和美元基金 10 年左右的存續期，選擇現有需求成熟度高但技術成熟度還差 1～2 年的領域或許是風險更低、更加穩妥的投資選擇。目前，中國尚未真正進入生成式 AI 全面爆發性增長的階段，即便細分賽道出現一些個別優秀的公司和研究機構，但還未

進入大規模驗證和體系化發展的階段。所以，能否抓住細分賽道的機會就顯得尤為重要。對於投資人來說，如果希望從技術角度進行投資，與其說是押注公司，不如說是押注細分賽道，這種投資邏輯會更考驗投資人對於細分賽道研究的基本功。

當然，無論出於何種投資邏輯，尋找生成式 AI 投資機會都需要充分瞭解生成式 AI 產業地圖的每一個環節，尋找自己透過借助歷史經驗可以真正看得懂的領域或環節。大浪淘沙方顯英雄本色，每一位投資人都身處浪潮之巔與時代風口，機遇與未知並存，難以預測未來但正在創造未來，難以撥開風口的重重雲霧窺探時代的風向標，但可以從差異中尋找共通點、從歷史中汲取經驗，在變化中守得雲開見月明。

三、生成式 AI 時代的政府

面對生成式 AI 時代的發展，政府也應該從產業發展的角度制定各類配套政策，並附加合理的監管，躬身入局新一輪的科技浪潮。對於政府而言，入局生成式 AI 的基本思維可以用三個詞概括：審時，守道，優術。

　　審時審的是地方產業發展階段之時，度地方發展之勢，結合當前地方產業發展階段，制訂合理的入局方式。沒有產業基礎，科技發展就是無本之木。例如，對於一些以製造業為優勢的地方城市，考慮鼓勵生成式 AI 與工業設計結合可能是一個比較好的方向，可以有力地助推智慧製造的發展。「所有的偉大，都是時間堆砌而成，無一例外。」地方政府入局生成式 AI 的關鍵在於能否將生成式 AI 的應用場景和產業地圖與自身發展規劃相適應，借助地方多年的產業優勢與區位因素，讓生成式 AI 從提高生產力的出發點賦能經濟增長。地方政府可以從營造濃厚的產業氛圍出發，為人工智慧產業創新發展提供強大的知識儲備和技術支撐，同時從長遠角度佈局發展戰略。

　　守道強調的是順應地方的稟賦，規範地方生成式 AI 產業朝著健康的方向發展，為當地生成式 AI 產業的發展提供積極生長的土壤。具體來說，就是要充分發揮政府在生成式 AI 產業的「守門人」作用，並輔之以必要的法律監管。OpenAI 就曾針對當前人工智慧產業提出過「守門人」概念，OpenAI 指出必須存在一個守門人來保護社會免受人工智慧的潛在不良影響，這些措施對於防止人工智慧被濫用非常重

要。不過，這種規範性的措施絕對不是全方位的限制，最近興起的生成式 AI 公司 Stability AI 表示，生成式 AI 就好像普羅米修斯帶給人類的火種，火種是危險與機遇並存的，但守門人如果一味地限制技術如何使用可能會更加危險，政府應該以適當的方式規範生成式 AI 技術的使用，而絕不是施加重重限制。因此，政府需要建立一個強大的政策框架以支持生成式 AI 的長期發展和應用，這些政策可能包括：

• 在瞭解並解決人工智慧的道德、法律和社會影響基礎上制定相關政策法規，確保生成式 AI 技術使用的安全性和倫理性。

• 對於可能造成社會危害性的生成式 AI 領域設定「底線」和「紅線」，制定相關法律法規，加強治理和監管。

• 為生成式 AI 的使用培訓和測試開發提供安全合法的公共資料集和環境，制定政府公共資料資源開放清單，合理引導資料資源有序開放，建立人工智慧計算資源分享名錄。

優術強調優化當前對於生成式 AI 產業的鼓勵政策，從資金、人才、生態等各個角度支持生成式 AI 的發展。在資

金方面，可以打造頂尖示範性企業或者透過政策吸引頂尖企業招商，透過積累發展勢能吸引投資機構和產業資本入場；將生成式 AI 產業作為投資重點領域，鼓勵地方引進、設立相關專項基金，支持產業發展；對人工智慧研究進行長期投資，建設綜合性的人工智慧研究院，開展基礎研究、應用基礎研究、技術創新和應用示範。

在人才方面，可以將生成式 AI 高端人才納入新時代各類人才計畫，落實科學中心等現有人才政策，鼓勵產學合作，支持大專院校加強人工智慧相關學科專業建設，引導職業學校培養產業發展急需的技能型人才，鼓勵企業、行業服務機構等培養高水準的人工智慧人才隊伍。

在生態方面，可以加快產業集聚發展政策的制定，實施國家生成式 AI 產業戰略性新興產業集群建設計畫，加快引進培育生成式 AI 領域領軍企業和重大專案，打造特色產業集群；依託國家創新政策，鼓勵開展生成式 AI 領域創新創業和解決方案大賽，營造人工智慧創新發展的良好生態；鼓勵產業鏈辦公室、產業聯盟或重點企業開展生成式 AI 及相關領域的學術研究、專題培訓、行業研究和合作推廣，承辦各類會展、論壇等活動，依託產業鏈辦公室、產業聯盟建設

生成式 AI 產業資訊中心，輸出月度產業發展綜述、季度比較競爭態勢、年度產業發展白皮書等相關行業文件。

　　政府部門落實審時、守道、優術三個環節之後，相當於為生成式 AI 行業的發展注入了充分的發展動能，進一步促進智能創作時代的全面來臨。

第三節　生成式AI的風險與監管

一、生成式 AI 的風險

目前，生成式 AI 所產生的風險主要集中在版權問題、欺詐問題和違法內容三個方面。

1. 生成式 AI 的版權問題

生成式 AI 本質上是機器學習的應用，而在模型的學習階段，無法避免使用大量的數據集執行訓練，但目前行業對於訓練後生成物的版權歸屬問題尚無定論。行業中關於生成式 AI 涉及的版權問題主要有兩種看法。一類觀點認為內容由素材庫訓練生成，本身來自素材庫，需要對相關的素材作者提供版權付費。但對於很多 AI 項目方來說，AI 的素材學習庫十分龐大，獲得所有訓練集的授權是不切實際的。此外，生成式 AI 本質上是機器的再創造過程，就好像一個藝術家在流覽完幾十萬幅圖畫後繪製出的圖畫，或多或少會受到他

觀看畫作的影響,但要求他向所有所學習畫作的創作者支付
版權費顯然是無稽之談。基於這樣的出發點,另一類觀點認
為生成式 AI 產生內容的過程是一個完全隨機且創新的過程,
不存在版權問題,版權屬於生成式 AI 的使用者或者平臺,
具體規定由平臺制訂。而在目前的實踐過程中,各平臺的版
權條例也偏向於後者,常見的處理方式有三種:

- 生成物由作者使用生成式 AI 工具創造的,其版權完
全歸作者所有。

- 生成物由平臺生成式 AI 工具生成的,其版權歸平臺
所有,但作者可以在非商用的情況下自由使用圖片,對於商
用的情況,只有付費使用者有權自由使用。

- 生成物由公共的作品資料訓練而成的,其智慧財產權
也不應由某個機構或個人占有,而是應該回歸公共大眾,任
何人生成的作品都可以由其他人自由地以任何符合法律規定
的形式使用。

當然,無論是哪一種形式,都會引起一部分原創版權擁
有者的強烈不滿。他們認為人工智慧正在利用原創作者的資

料變強，同時又在搶奪原創者的飯碗。一旦人們可以透過 AI 免費生成他們想要的東西時，誰會願意為原創者的作品買單呢？以繪畫領域為例，不少藝術家在一些 AI 繪畫工具使用的資料集裡發現了自己的作品。這些藝術家的原創作品被 AI 作為素材內容進行學習，AI 在學習完成後就可以快速生成風格非常類似的作品。然而，雖然這些藝術家主張生成式 AI 平臺侵害了自己的權益，但是現在仍沒有完善的法律規定此類侵權行為，甚至在不少法律條文中，這種行為是合法的。

　　令這些原創者憤怒的爭議點在於，為什麼基於自己自主創作的作品生成新的作品後卻與自己沒有關係。然而，根據目前的法律規定，人類社會中的法律是針對人類的行為規範而設立的，也就是說只約束和服務於人類。而 AI 機器人不是真正的人，只是一種工具，因而無法受到法律的約束和審判。當然，如果原創者能夠清晰舉證生成的圖片訓練集中包含了自己未經授權的作品，或者生成的商用作品與自己的作品具備實質性的相似情況，能夠佐證抄襲，原創者可以根據現有法律主張自身著作權益，但這在實踐中無疑是困難的。不過，隨著法律體系的日漸完善，相信對於生成式 AI 與創作者著作權的關係將會得到更加清晰的界定。

2. 生成式 AI 導致的欺詐問題

　　近年來，隨著生成式 AI 技術的不斷成熟，人工智慧已經能夠透過分析事先收集的大量語音訓練資料，製造出以假亂真的影片。這項突破性的技術不僅可以用於篡改影片，更可以用於製造從未存在過的影片內容。與此同時，這項技術的使用門檻也在不斷降低，比如現在大家常用的社交媒體都具有一鍵輕鬆「換臉」、「變聲」等功能。由於契合人們「眼見為實」的普遍認知，這項技術濫用後很可能使造假內容以高度可信的方式透過網路即時觸及社會大眾，削弱大眾對於虛假資訊的判斷力，使大眾難以甄別真實和虛假資訊。中國已經出現了多起「好友」或「家人」詐騙的案件。經警方核實，詐騙分子是利用受害者好友或家人在社交平臺已經發佈的影片，截取其臉部畫面後再利用「AI 換臉」技術合成好友或家人的臉，製造受害者與「好友」或「家人」影片聊天的假像騙取受害者的信任，從而進行詐騙。此外，也有犯罪團夥利用生成式 AI 技術，偽造他人人臉動態影片，再以極低的價格賣給犯罪集團，幫助其完成大量的 SIM 卡註冊。這些SIM 卡註冊後，再被不法分子用於賭博、貸款、詐騙等行為，極大地增加了執法機構的執法困難。

3. AI 生成違法內容

　　AI 生成的內容完全取決於使用者的引導，在安全措施並不完善的前提下，AI 針對惡意的誘導行為無法獨立思考和判斷，它只能根據訓練材料中學到的資訊進行輸出。基於生成式 AI 技術的這個特點，經常會有使用者故意引導 AI 輸出一些違法內容，例如暴力、極端仇恨言論、色情圖片等。一些不法分子可能利用開源的生成式 AI 項目，學習名人照片用於生成虛假名人合影照片，甚至製作出針對該知名人士的暴力及色情作品，製造出造謠、花邊新聞、政治醜聞等。在現代社會，一張被偽造的照片編出一個離奇的故事已經屢見不鮮。除了在使用階段被惡意生成違法內容外，也有一些公司為了獲得市場關注，故意在 AI 的訓練資料集中加入一些違法內容，讓使用者更「方便」地使用它來製作色情、暴力、虛假新聞等內容，從而增加自己在網路上的曝光和宣傳，這種行為無疑更加應該被阻止。隨著法律法規的日漸完善，這些情況無疑都會受到規範和監管。

　　從上述這些風險點就可以看出，生成式 AI 作為內容生產的新模式，在推動數字經濟快速發展的同時也對相關法律法規及監管治理能力提出了更高的要求。各個國家的監管機

構都需要不斷地跟進生成式 AI 的發展趨勢，在不打壓創新的同時不斷完善法律法規，避免可能出現的潛在風險。

二、生成式 AI 的監管

　　制定法律法規的目的是推進行業的發展，以及保護公民和企業的權利和利益，維護社會秩序和公共利益。對於生成式 AI 來說也不例外。隨著全球範圍內的相關法律法規的不斷完善，無論是賦能產業升級還是自主釋放價值，生成式 AI 都將在健康有序的發展中得到推進。標準規範為生成式 AI 生態構建了一個技術、內容、應用、服務和監管的全過程一體化標準體系，促進生成式 AI 在合理、合法的框架下進行良性發展。下文將以中國和美國的法律規範為例，介紹當前生成式 AI 領域的監管情況。

1. 中國對生成式 AI 的監管

　　在版權領域，相關可參考的法律規範主要關注三個領域：誰擁有 AI 創作的著作權？生成式 AI 創作的作品是具備獨創性的智力成果嗎？如何對 AI 的創作物進行定價？

在著作權領域，中國的《中華人民共和國著作權法》（以下簡稱《著作權法》）規定，任何作品的作者只能是自然人、法人或非法人組織。因此，生成式 AI 不是被法律所認可的權利主體，也就不能成為著作權的主體。之前有一個很知名的案例，一隻猴子按下相機快門拍出了一張不錯的照片，但因為作者不是人類，所以作品不受版權保護。推論到 AI 作品領域，即便在 AI 繪畫過程中，有人對生成的圖片進行了語言描述，但主流觀點認為，AI 作品不享有著作權，也不受中國《著作權法》保護。不過，即便如此，實際的司法實踐往往會結合平臺與使用者的一些許可條例，並根據具體問題而有著相異的分析結果。

再來看第二個問題：生成式 AI 創作的作品是具備獨創性的智力成果嗎？根據中國《著作權法》和《中華人民共和國著作權法實施條例》的規定，作品是指文學、藝術和科學領域內具有獨創性並能以某種有形形式複製的智力成果。生成式 AI 的作品具有較強的隨機性和演算法主導性，能夠準確證明生成式 AI 作品侵權的可能性較低。同時，生成式 AI 是否具有獨創性目前難以一概而論，在實際的法律法規執行過程中，擁有一定的自由裁量空間。

　　不過，雖然法律法規對於生成式 AI 生成作品的智慧財產權相關問題的界定並不清晰，但目前已經有業內人士嘗試根據已有的法律法規框架，探索將創作者的「創意」進行量化與定價。例如，中國有專家提出，可以透過計算輸入文本中關鍵字影響的繪畫面積和強度，量化各個關鍵字的貢獻度。之後根據一次生成費用與藝術家貢獻比例，就可以得到創作者生成的價值。最後再與平臺按比例分成，就是創作者理論上因貢獻創意產生的收益。例如，某生成式 AI 平臺一週內生成數十萬張作品，涉及這位元創作者關鍵字的作品有 30,000 張，平均每張貢獻度為 0.3，每張生成式 AI 繪畫成本為 0.5 元，平臺分成 30%，那麼這位創作者本周在該平臺的收益為：$30,000 \times 0.3 \times 0.5 \times (1-30\%)=3,150$（元）。透過這種方式計算出的收益，也許可以在一些智慧財產權的糾紛中作為賠償額的參考，或者作為未來法律中確保人類原創者權益確保條款的制訂依據。

　　另外，對於生成式 AI 可能存在的欺詐問題和違禁問題，中國已有相關的法規頒佈。2022 年 11 月 3 日，中國互聯網資訊辦公室、工業和資訊化部、公安部聯合發佈了《互聯網資訊服務深度合成管理規定》（以下簡稱《規定》）。《規定》

中提到的「深度合成」，就是指利用以深度學習、虛擬實境為代表的生成合成類演算法製作文本、圖像、音訊、影片、虛擬場景等資訊的技術，包括文本轉語音、音樂生成、人臉生成、人臉替換、圖像增強等技術。中國設置此規定的目的是希望加強對新技術新應用的管理，確保其發展與安全，推進深度合成技術依法、合理、有效地被利用。

《規定》中對「深度合成」服務提供者的主體責任進行了明確規定，具體包括：

- 不得利用深度合成服務製作、複製、發佈、傳播法律、行政法規禁止的資訊，或從事法律、行政法規禁止的活動。

- 建立健全使用者註冊、演算法機制機理審核、科技倫理審查、資訊發佈審核、資料安全、個人資訊保護、反電信網路詐騙、應急處置等管理制度，具有安全可控的技術保障措施。

- 制訂和公開管理規則、平臺公約，完善服務協定，落實真實身分資訊認證制度。

- 加強深度合成內容管理，採取技術或者人工方式對輸入資料和合成結果進行審核，建立健全用於識別違法和不良

資訊的特徵庫，記錄並留存相關網路日誌。

‧ 建立健全闢謠機制，發現利用深度合成服務製作、複製、發布、傳播虛假資訊的，應當及時採取闢謠措施，保存有關記錄，並向網信部門和有關主管部門報告。

此外，《規定》中也明確了「深度合成」服務提供者和技術支持者的資料和技術方面的管理規範，主要包括加強訓練資料管理和加強技術管理兩個方面。在加強訓練資料管理方面，採取必要措施保障訓練資料安全；訓練資料包含個人資訊的，應當遵守個人資訊保護的有關規定；提供人臉、人聲等生物識別資訊顯著編輯功能的，應當提示使用者依法告知被編輯的個人，並取得其單獨同意。在加強技術管理方面，定期審核、評估、驗證生成合成類演算法機制機理；提供具有對人臉、人聲等生物識別資訊或者可能涉及國家安全、國家形象、國家利益和社會公共利益的特殊物體、場景等非生物識別資訊編輯功能的模型、範本等工具的，應當依法自行或者委託專業機構開展安全評估。

《規定》雖然尚未立法，但從訓練資料合集的合法性到生成內容的合法性，再到監督審核制度的建立都提出了解決

辦法，從中能看出國家對未來規範化管理生成式 AI 創作內
容和創作形式的決心。

2. 美國對生成式 AI 的監管

　　雖然美國在生成式 AI 技術領域起步較早，且技術佈局
一直處於全球領先地位，但迄今為止美國還沒有關於生成
式 AI 的全面聯邦立法。然而，考慮到生成式 AI 所涉及的風
險以及濫用可能造成的嚴重後果，美國正在加速檢查和制訂
生成式 AI 標準的進程。例如，美國國家標準與技術研究院
(NIST) 與公共和私營部門就聯邦標準的制定進行了討論，以
創建可靠、健全和值得信賴的人工智慧系統的基礎。與此同
時，州立法者也在考慮生成式 AI 的好處和挑戰。2022 年，
至少有 17 個州提出了生成式 AI 相關的法案或決議，並在科
羅拉多州、伊利諾伊州、佛蒙特州和華盛頓州頒布。

　　此外，2020 年 2 月，電子隱私資訊中心請求聯邦貿易委
員會 (FTC) 制定有關在商業中使用 AI 的法規，以定義和防
止 AI 產品對消費者造成的傷害，這些法規將有可能適用於
生成式 AI 產品。與此同時，許多監管法律框架透過交叉應
用監管傳統學科的規則和條例去落實對生成式 AI 產品的監

管，包括產品責任、資料隱私、知識產權、歧視和工作場所權利等。並且，白宮科技政策辦公室頒布 10 條關於人工智慧法律法規的原則，為制定生成式 AI 開發和使用的監管和非監管方法提供參考：

- 建立公眾對人工智慧的信任。

- 鼓勵公眾參與，並致力提高公眾對人工智慧標準和技術的了解。

- 將高標準的科學完整性和資訊品質應用於 AI 以及 AI 相關決策。

- 以跨學科的方式，使用公開透明的風險評估和風險管理方法。

- 在考慮人工智慧的開發和部署時，評估全部社會成本、收益和其他外部因素。

- 追求基於性能的靈活方法，以適應人工智慧快速變化的性質。

- 評估人工智慧應用中的公平和非歧視問題。

- 確定適當的透明度和披露水準以增加公眾信任。

- 保持控制以確保 AI 資料的機密性、完整性和可用性，

從而使開發的 AI 安全可靠。

　　• 鼓勵機構間協調，以幫助確保人工智慧政策的一致性和可預測性。

　　根據上述原則框架，以及生成式 AI 領域後續發展中的監管實踐，在不遠的未來，在美國將會開始實施更多的監管條例。

附錄一

生成式AI產業地圖標的公司清單（部分）

（美元）

產業鏈	細分賽道	屬性分類	公司名	國家	成立年分	融資輪次	最新估值
資料服務（上游）	資料處理與查詢	非同步處理	Databricks	美國	2013	H 輪	380 億
			Starburst	美國	2017	D 輪	33.5 億
		同步處理	ClickHouse	美國	2021	B 輪	20 億
			Imply	美國	2015	D 輪	11 億
	資料轉換與編排	本地部署型	帆軟	中國	2018	—	—
			Pentaho (Kettle)	美國	2006	併購	—
		雲端原生型	Fivetran	美國	2012	D 輪	56 億
			dbt Labs	美國	2016	D 輪	42 億
	數據標註與管理	基礎型	Appen	澳洲	2011	IPO	28 億
			雲測	中國	2007	C 輪	3.7 億
		擴張型	Scale	美國	2016	E 輪	73 億
			Labelbox	美國	2018	D 輪	10 億
	數據治理與法規遵循	工具型	OneTrust	美國	2016	D 輪	53 億
			Collibra	美國	2008	F 輪	52.5 億
		客製型	光點科技	中國	2011	—	—
			億信華辰	中國	2006	—	—
算法模型（中游）	人工智能實驗室	獨立型	OpenAI	美國	2015	A 輪	200 億
		附屬型	DeepMind	英國	2010	併購	—
			FAIR	美國	2015	—	—
	集團科技研究院	—	阿里巴巴達摩院	中國	2017	—	—
		—	微軟亞洲研究院	中國	1998	—	—

（美元）

產業鏈	細分賽道	屬性分類	公司名	國家	成立年分	融資輪次	最新估值
算法模型（中游）	開源社區	綜合型	GitHub	美國	2008	併購	—
		垂直型	Hugging Face	美國	2016	C 輪	20 億
			Papers with Code	美國	2018	併購	—
應用拓展（下游）	文本處理	營銷型	Copy.ai	美國	2020	A 輪	—
			Jasper	美國	2021	A 輪	15 億
		銷售型	Lavender	美國	2020	—	—
			Smartwriter.ai	澳洲	2021	—	—
		續寫型	彩雲科技（彩雲小夢）	中國	2014	天使輪	—
		知識型	Mem	美國	2021	A+ 輪	1.1 億
		通用型	Writer	美國	2020	A 輪	—
			瀾舟科技	中國	2021	Pre-A 輪	—
		輔助型	AI21 Labs（Wordtune）	美國	2018	B 輪	—
			秘塔科技	中國	2018	Pre-A 輪	—
		交互型	Latitude（AI Dungeon）	美國	2019	種子輪	—
			聆心智能	中國	2021	天使輪	—
		程式型	Repl.it（Ghostwriter）	美國	2016	B 輪	8 億
			Mintlify	美國	2020	種子輪	—
			Stenograpy	美國	2021	—	—
			Debuild	美國	2020	種子輪	—
			Enzyme	美國	2016	—	—
	音訊處理	音樂型	Boomy	美國	2018	—	—
			靈動音科技	中國	2018	A 輪	—
		語音型	Resemble.ai	美國	2019	種子輪	—
			WellSaid Labs	美國	2018	A 輪	5834 萬
		解決方案型	標貝科技	中國	2016	B 輪	—

（美元）

產業鏈	細分賽道	屬性分類	公司名	國家	成立年分	融資輪次	最新估值
應用拓展（下游）	圖像處理	生成型	Stability AI	英國	2020	種子輪	10 億
			Midjourney	美國	2021	—	—
			詩云科技	中國	2020	Pre-A 輪	—
		廣告型	AdCreative.ai	法國	2021	—	—
		設計型	Diagram	美國	2021	種子輪	—
			Nolibox（圖宇宙）	中國	2020	Pre-A 輪	—
		編輯型	PhotoRoom	法國	2019	A+ 輪	—
	影片處理	生成型	Runway	美國	2018	C 輪	5 億
			Plask	韓國	2020	種子輪	—
		編輯型	Descript	美國	2017	C 輪	—
			InVideo	美國	2017	天使輪	5.5 億
		虛擬人型	Hour One	以色列	2019	A 輪	—
			Synthesia	英國	2017	B 輪	—
		解決方案型	影譜科技	中國	2009	D 輪	—
			帝視科技	中國	2016	B 輪	—

＊註：資料截至 2022 年 12 月 10 日。

附錄二

生成式AI術語及解釋

術語	解釋
PGC	Professional-Generated Content，專業生成內容。以 PGC 作為職業獲得報酬的職業生成內容也被稱為 OGC(Occupationally Generated Content)。
UGC	User-Generated Content，使用者生成內容。
生成式 AI	AIGC，Artificia Intelligence Generated Content，人工智慧生成內容。
生成式人工智慧	Generated Artificia Intelligenc，一類人工智慧演算法，根據訓練過的數據生成全新、完全原創的輸出，常以文本、音訊、圖像、影片等形式創建新內容。
基礎模型	Foundation Model，又譯作「大模型」，對廣泛的資料進行大規模預訓練來適應各種任務的模型。
NFT	Non-Fungible Token，非同質化代幣。一種基於區塊鏈技術的數位資產權利憑證。區別於比特幣這樣的同質化代幣，代幣與代幣之間是不可相互替代的。
GameFi	遊戲化金融。將去中心化金融以遊戲方式呈現的產品，多代指結合了區塊鏈的遊戲。
圖靈測試	艾倫·圖靈提出的一個判斷機器是否具備智慧的著名方法。
機器學習	讓電腦程式從資料中學習以提高解決某一任務能力的方法。
監督學習	從標註資料中學習的機器學習方法。
無監督學習	從無標註數據中學習的機器學習方法。
強化學習	在給定的數據環境下，讓智慧體學習如何選擇一系列行動，來達成長期累計收益最大化目標的機器學習方法。
深度學習	採用有深度的層次結構進行機器學習的方法。
人工神經網路	模仿生物神經網路工作特徵進行資訊處理的演算法模型。
感知器	一種最簡易的人工神經網路模型。

（續上表）

TTS	Text to Speech，文本轉語音。
NLP	Natural Language Processing，自然語言處理。使電腦程式理解、生成和處理人類語言的方法。
CV	Computer Vision，電腦視覺。使電腦具備處理圖像、影片等視覺訊息能力的方法。
GAN	Generative Adversarial Networks，生成對抗網路。透過一個生成器和一個判別器的相互對抗，來達到圖像或文本等資訊生成過程的演算法模型。
Diffusion	擴散模型。一種透過對數據點在潛在空間中擴散的方式進行建模來學習數據集潛在結構的演算法模型，常用於圖像生成。
CLIP	Contrastive Language-Image Pre-Training，文本－圖像預訓練。一種用匹配圖像和文本的預訓練神經網路模型。
Seq2Seq	Sequence-to-Sequence，序列到序列模型。將一種序列處理成另一種序列的模型，典型應用場景是機器翻譯。
注意力機制	由於資訊處理的瓶頸，人類會選擇性地關注所有資訊的一部分，同時忽略其他可見的資訊，這種機制可以應用於人工智慧的演算法模型領域。
Transformer	一種運用注意力機制的深度學習模型，是許多大模型的基礎。
GPT	Generative Pre-trained Transformer，生成型預訓練變換器。由 OpenAI 研發的大型文本生成類深度學習模型，可以用於對話 AI、機器翻譯、摘要生成、程式碼生成等複雜的自然語言處理任務。
ChatGPT	OpenAI 在 2022 年 11 月發佈的聊天機器人，能自然流暢地與人們對話。
RLHF	Reinforcement Learning from Human Feedback，從人類回饋中進行強化學習。利用人類回饋信號優化模型的強化學習方法。
BERT	Bidirectional Encoder Representations from Transformers，變換器的雙向編碼器表示。一種 Google 基於 Transformer 提出的模型。
ViT	Vision Transformer，視覺變換器。一種利用 Transformer 解決電腦視覺問題的模型。

附錄三

生成式AI大事記

1950 年：

- 艾倫・圖靈提出著名的「圖靈測試」，給出判定機器是否具有「智慧」的試驗方法。

1957 年：

- 第一支由電腦創作的絃樂四重奏《依利亞克組曲》(Illiac Suite) 完成。

1966 年：

- 世界上第一款可人機對話的機器人「Eliza」問世。

1985 年：

- IBM 首次演示了語音控制打字機 Tangora。

2007 年：

- 世界上第一部完全由人工智慧創作的小說《在路上》(*On The Road*) 問世。

2012 年：

- 微軟展示了全自動同步翻譯系統，可將英文演講者的內容自動翻譯成中文語音。

2014 年：

- 伊恩‧J‧古德費洛 (Ian J. Goodfellow) 等人提出生成式對抗網路 GAN。

2015 年：

- 雅沙‧索爾 - 迪克斯坦 (Jascha Sohl-Dickstein) 等人提出了 Diffusion 模型。

2017 年：

- 世界上首部 100% 由人工智慧微軟「小冰」創作的詩集《陽光失了玻璃窗》出版。

- Google 團隊在《注意力就是你需要的一切》(Attention is all you need) 論文中提出了 Transformer。

2018 年：

- NVIDIA 發佈 StyleGAN 模型，可以自動生成高品質圖片。

- 人工智慧生成的畫作在佳士得拍賣行以 43.25 萬美元成交，成為世界上首個出售的人工智慧藝術品。

- OpenAI 推出預訓練語言模型 GPT，採用 Transformer 架構，擁有 1.17 億參數量，可完成簡單的自然語言處理任務。

2019 年：

- DeepMind 發佈 DVD-GAN 模型，可以生成連續影片。

- OpenAI 推出 GPT-2，擁有 15 億參數量，性能進一步提升。

2020 年：

- OpenAI 推出 GPT-3，擁有 1,750 億參數量，在文字翻譯、

問答與生成等方面擁有驚人表現。

2021 年：

- OpenAl 推出 DALL・E，主要用於文本與圖像交互生成內容。
- OpenAI 推出 CLIP，它能夠連接文本與圖像，覆蓋各種視覺分類任務。

2022 年：

- 多款知名 AI 繪畫工具 Stable Diffusion(Stability AI)、Midjourney (Midjourney)、DALL・E 2(OpenAI)、Imagen(Google) 發佈。
- 美國科羅拉多州博覽會藝術比賽的數位類別中，39 歲遊戲設計師傑森・艾倫 (Jason Allen) 使用 Midjourney 創作的作品《太空歌劇院》奪得冠軍。
- 影片生成工具 Make-A-Video(Meta)、Imagen Video(Google)、Phenaki(Google) 發佈。
- 多款知名 3D 模型生成工具 DreamFusion(Google)、Magic3D（NVIDIA）、Point・E(OpenAI) 發佈。
- OpenAI 推出 ChatGPT，它具有接近人類流暢而自然的多輪對話能力，還能夠完成假扮特定角色對話、撰寫週報、修改程式碼等複雜的文本處理任務。

＊資料來源：中國資訊通信研究院聯合京東探索研究院《人工智慧生成內容（生成式 AI）白皮書（2022 年）》，2022 年 9 月 2 日發佈。

後記

　　人工智慧的發展無疑是迅速的，從這門學科誕生迄今不過百年，卻已在圍棋、德州撲克、策略遊戲等多個象徵智慧的領域戰勝人類，如今又獲得了人類獨有的創造力。在本書有限的篇幅內，或許難以覆蓋這段驚人進化歷程的各個方面，但希望能讓每一位讀者都能感受到科技前沿的無窮魅力，也保有一份針對科技本身的思考。

　　對於人工智慧的未來，你是怎麼看待的呢？它究竟會成為人類的助力，還是會成為人類的威脅？

　　悲觀者認為，人工智慧最終會徹底取代人類，進而導致人類的滅亡；而樂觀者認為，人工智慧不會取代人類，它會讓人類的生活更加幸福。

　　不過，持有何種觀點並不重要，重要的是該以何種姿態面對未來。在無數科幻小說、電影、電視劇中，都對這一點進行了哲學層面的探討。《機械公敵》中，提出了具有廣泛影響力的「三大定律」，探討了人類與具備人工智慧的機器

人和諧相處的基本原則；《西方極樂園》中，呈現了膨脹的
欲望凌駕於技術之上，肆意突破道德底線後釀成的後果；《愛
× 死亡 × 機器人》中的《茲瑪藍》，詮釋了智能進化之路
的盡頭，需要回歸誕生源初的自然之道。

　　我們前進著，我們也思考著，直至抵達科技的彼岸。正
如尼克·博斯特羅姆 (Nick Bostrom) 說的：「機器智慧是人
類需要做出的最後一項發明。」這既是對未來的憧憬，也是
對未來的警示。而最終未來的船帆駛向何方，選擇權從來都
在人類自己手中。

高寶書版集團
goobooks.com.tw

RI 371

AI 生成時代：從 ChatGPT 到繪圖、音樂、影片，利用智能創作自我加值、簡化工作，成為未來關鍵人才

作　　者	杜雨、張孜銘
主　　編	吳珮旻
編　　輯	鄭淇丰
封面設計	林政嘉
內頁排版	賴姵均
企　　劃	鍾惠鈞
版　　權	張莎凌

發 行 人	朱凱蕾
出　　版	英屬維京群島商高寶國際有限公司台灣分公司 Global Group Holdings, Ltd.
地　　址	台北市內湖區洲子街 88 號 3 樓
網　　址	gobooks.com.tw
電　　話	（02）27992788
電　　郵	readers@gobooks.com.tw（讀者服務部）
傳　　真	出版部（02）27990909　行銷部（02）27993088
郵政劃撥	19394552
戶　　名	英屬維京群島商高寶國際有限公司台灣分公司
發　　行	英屬維京群島商高寶國際有限公司台灣分公司
初版日期	2023 年 03 月

本作品中文繁體版通過成都天鳶文化傳播有限公司代理，經中譯出版社有限公司授予英屬維京群島商高寶國際有限公司臺灣分公司獨家發行，非經書面同意，不得以任何形式，任意重製轉載。

國家圖書館出版品預行編目（CIP）資料

AI 生成時代：從 ChatGPT 到繪圖、音樂、影片，利用智能創作自我加值、簡化工作，成為未來關鍵人才 / 杜雨，張孜銘著 . -- 初版 . -- 臺北市：英屬維京群島商高寶國際有限公司臺灣分公司 , 2023.03
　　面；　　公分 . --（致富館：RI 371）

ISBN 978-986-506-685-7（平裝）

1.CST: 人工智慧 2.CST: 數位科技 3.CST: 產業發展

312.83　　　　　　　　　　　112002768